JN082911

現場で使える「力学の教科書」

機械 + 材料 + 流体 + 熱
力学のしくみ

堀田源治／岩本達也／井ノ口章二／鶴田隆治

日本能率協会マネジメントセンター

はじめに

　職場においては「問題点」は発見できても、その「原因」や「解決法」がわからないことが多いのは現実である。とくに機械設備等の不具合は力学的な原因によるものが多いが、「力学現象」は目に見えないので、その原理や原則は自分の常識を超えたものが多い。

　本書の主役である「力」は、モノの姿、形をつくるばかりでなく、流体を通して動力源となったり、熱による体積変化を利用して仕事をしたり、さまざまな媒体・変化を通じて生産の基本的エネルギー要素として生産や創造の源となっている。これらの理由から、力学は従来から教育や技術研修の科目として基盤的な位置にあり、技術職を目指す学生や生産に携わる現役技能者、生産事務に従事する管理者にとって力学は「学習の必要性」を感じるものとなっている。それを象徴するかのように、「力学」に関する書籍は多い。しかし、一般に力学を改めて学ぶには、

① 理解に時間を要する

② 実際、どのように役に立つのかがわからない

と感じることも事実である。

　工学系の学校では工業力学の授業は実施されているが、学生にとって「困難な座学」「機械工作などの実学に活かせない」という理解が一般的である。

　これらの原因は、既存書籍の著者の視点が「力学を応用物理学と捉えているため」と推察される。そこで、生産現場で活躍する人々にとっては「日々扱っている機械設備の状態そのものが力学現象である」ことに気づくような、「現場の視点の力学」が必要である。機械設備の中に力学現象を見出すことは、設備の異常原因を分析し、災害などのリスクを予知できる能力を身につけることになる。

　そこで本書は、汎用機械に現れる力学現象（運動、釣り合い、振動、仕事、エネルギー）に力学の基本理論を当てはめて解説する「現場で使える力学の教科書」を目指した。

この目標を実現するために、執筆陣として大学の研究者、工業高等専門学校の教員、企業の技術者、技術士で構成することで、多彩な専門業界の視点と業務実績が本書に反映されることを図った。

　本書を読まれることで、職種に関係なく、力学の仕組みと流れを直感できるはずである。そしてその直感こそが技術的な問題を解決できる「勘ジニアリング」に育っていくことになる。

　読者の皆さんが、本書によって「その場しのぎの解決」ではなく、明日への改善に繋がる「創造的解決」のエキスパートになられて活躍されることを著者一同心より願うものである。

　令和2年3月吉日

（執筆者を代表して）
堀田源治

　本書を執筆するにあたりこだわったのは、以下の5点である。

①普通科高校卒業程度の初学者にも理解できる

②機械の専門外の人にも直感的に理解が得られる

③「わかりやすい」ばかりでなく、「役立つ」「リスクを避ける」ことを目指す

④実際の現場での問題解決に必要となる力学内容は「流体力学」「機械力学」「材料力学」「熱力学」であるが、これらを統一的な流れの中で解説することで、他書にはない「現場で使える力学」となっている

⑤難しい数式は極力排除して、まず直感的に理解できることを図る

　本書は、Ⅰ 力の正体、Ⅱ 動力学、Ⅲ 静力学、Ⅳ 流体力学、Ⅴ 熱力学という5部構成となっており、「力」という物理量が、構造物や流体機械、熱機械にどのように役に立ち、現象として現れるか、という視点で学習できるようになっている。

　そこで本書の使い方としては、

①各章ともに、現場の問題点の発見や解決の視点が養成できるように、「間違えやすい」「わかりにくい」「気付きにくい」点について解説を加えており、繰り返しの学習は大きな力となる。そこで職場や現場での「虎の巻」として常用していただきたい

②各章の内容は独立しているので、必要性に応じてどの章から読み進めてもよい

③各章の記述は、産業上の重点事項を含んでいるので、学校や大学における機械工学概論などの教科書や、企業における職能教育、技術系以外の社員研修などのテキストとして使用できる

④各章に例題や演習問題を設けているので、技能・技術力向上のための自己研鑽資料として活用できる

⑤Ⅱ～Ⅴ章は、力学を応用した構造物や機械装置を解説の例として取りあげているので、研究や設計資料としても活用できる

⑥Ⅰ章は他の章と異なり、力学現象をサッカーのボールの動きとして説明

している。物理や力学が苦手、あるいは学習に負担を感じる読者は、まずⅠ章を読まれて、「力」について直感的に理解してからⅡ章以降に進むとよい。

　最後に、ぜひお薦めしたい使い方として、本書をモノづくりの現場に持ち込んで、事あるごとに目の前の現象と本書の記載内容とを引き比べていただきたい。そして何度も読み返していただくことである。そうすることで現象に潜む原理を見抜けるようになり、改善へと繋げる能力を養うことができる。これこそが「現場目線の力学」である。

CONTENTS

第 Ⅰ 章 「力学」の主役「力」の正体

第 Ⅱ 章 動力学

第 III 章 | **静力学**

第 **IV** 章 | **流体機械への力学の展開 ── 力学を流体に適用する**

第 **V** 章	熱機械（熱機関）への力学の展開 ── 熱力学

第 I 章

「力学」の主役「力」の正体

　第 I 章では、「力学」の主役である力（ちから）の正体について説明する。力は私たちの日常活動を支配するものでありながら、「力とは何か」と訊かれてすぐに答えられる人は意外に少ない。力自慢と言われるように、エネルギーのようないイメージは持ちやすいが、加速度などの運動と関連することについては思い浮かびにくい。しかし、私たちはモノの動きの中で生活をしているわけであり、自然現象の中から力の正体を考えてみる。

1 | 力の3要素（大きさ、方向、作用点）

1.1　力の正体

　仕事をする際には力が必要である。「力」は目に見えないが、モノを動かしたり変形させる場合、必ず必要な物理量である。たとえば、サッカー選手がボールを蹴ると、ボールは一瞬変形して、その弾みで足先から離れて飛んで行く。これはサッカーボールを変形させたり、飛ばしたりするには、選手による蹴球（しゅうきゅう）力という物理量が必要だということでもある。

　さて、味方からのパスを受けた選手は、ゴールまでの距離・位置やゴールキーパーの守備位置などを判断して、直接シュートをねらうか、味方のプレーヤーにパスを出すか、瞬時の判断が必要となる。

　このとき選手は、次の3つの蹴球要素を瞬間に決めている。

① ボールを蹴る強さ（大きなスイングか軽く当てるか）
② ボールを飛ばす方向（味方プレーヤーかゴールかなど）
③ 足先をボールに当てる位置（球の真心にあてるか下を蹴るかなど）

　これらは当たり前のように思えるが、「力」の本質について、私たちが知りたいポイントはここにある。つまりサッカー選手が蹴るボールには、足を使ってボールに加える「力」について、

① 大きさ
② 方向
③ 作用点（当てる位置）

をコントロールする能力が要求される。つまりボールが飛ぶためには、図1.1（a）のように「力」が必要であるが、この「力」は**大きさ、方向、作用点**という3つの要素をすべて持っている。これを**力の3要素**といい、そのうちのどれか1つでも欠けることは自然界ではあり得ない。

　さて、サッカーを例に力とその性質について考えてきたが、以上をまとめると「**力とは物体の状態を変化させる原因となる作用であり、その作用の大きさと方向と作用点を表す物理量である**」といえる。

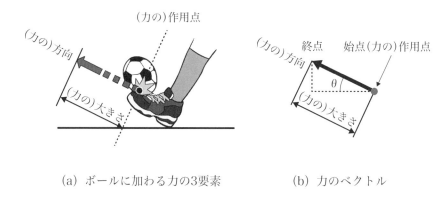

図1.1　力の3要素

（力の）作用点

（力の）方向

（力の）大きさ

終点　　始点（力の）作用点

（力の）方向

θ

（力の）大きさ

（a）ボールに加わる力の3要素　　　　（b）力のベクトル

1.2　力の表し方

　それでは、「作用の大きさと方向と作用点を表す」にはどのようにすれ
ばよいのだろう。力のように大きさと方向を持つ量を一般的に**ベクトル**と
いい、図1.1（b）のように矢印で表す。矢印の向き（角度など）で方向
を、矢印の長さで大きさを表す。力の作用点（始点）が定まると方向と大
きさが定まっているので、自ずから終点が定まる。

　ベクトルは、図1.2のように合成や分解ができる。図1.2（a）は2つの
ベクトル（垂直方向ベクトルと水平方向ベクトル）の合成であり、図1.2
（b）は、ベクトル（ロープの張力）を水平方向と垂直方向のベクトルに
分解して、垂直方向のベクトルと荷物の重さのベクトルが力の作用点にお
いて釣り合うことを示したものである。図1.2（b）のように、問題を図式
解法する場合にはベクトルはとても重宝する。しかし、この後に釣り合い
の計算などで出てくるように、力の大きさを数値だけで扱いたい場合があ
る。

　一般的に、力学計算などで、ベクトルの方向を気にせず大きさだけを表
す量を**スカラー**という。厳密にいえば「力」というとベクトルであり、ス
カラーは「力の大きさ」と表現する。力以外にも、「速度」というと普通
は大きさと方向を持つベクトルであるのに対して、速度の大きさだけを表
す場合には「速さ」として区別している。

第 **I** 章　「力学」の主役「力」の正体

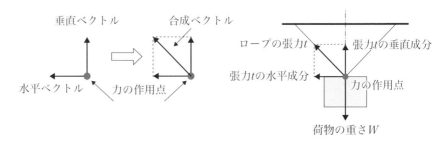

図1.2　ベクトルの合成と分解

（a）ベクトルの合成　　　　　　　（b）ベクトルの分解

1.3　動力学と静力学

　力学とは、物体間に働く力と運動の関係を研究する物理学の一分野であり、まさに力を研究する学問である。しかし、そもそも「力」とは何かという問いに対して、「物体の状態を変化させる原因となる作用であり、その作用の大きさと方向と作用点を表す物理量である」と答えられてもよくわからない。後半の「大きさと方向と作用点を表す物理量」とは前述のとおりであり、私たちが学んだ教科書にもよく出てくるので何となくはわかる。しかし、実は「力」の正体を理解する上で大切なのは、前半の「**物体の状態を変化させる原因となる作用**」という部分である。

　では、ここでいう「力は物体の状態を変化させる」とはどのような意味だろうか。そもそも「物体の状態」とは一体どのようなことであろうか。筆者の経験からすると、実は職場においてこの問いに筋道を立てて答えられる人はそれほど多くはない。物体の状態とは、「形」と「動き」の2つがどのようになっているかである。その中で「動き」とは、具体的には止まっているか、ある速度で移動しているかということになる。物体は何でもよいのであるが、たとえばそれがサッカーボールだとすると、ボールを蹴る前、つまり力を加える前のサッカーボールの形と動きを観察すると、当然形は球形であり、動きはない。このボールを蹴る（力を加える）と、弾力のあるボールは変形（たとえば楕円形）して飛んでいく。つまり、力を加える前のボールの状態は（球形、静止）であるが、力を加えた後の

ボールの状態は（楕円形、飛ぶ）となる。ここで「形の変化」とは、たとえば蹴る前には球形であったボールが楕円形になったりすることで、「動きの変化」とは「最初0〔km/s〕の速度であった球が、80〔km/s〕になる」ことである。つまり図1.3のように、物体の状態とは（形と速度）の組合わせであり、力を加える前後における（形と速度）の変化こそが「物体の状態の変化」と言える。

　力を加える前のボール（変形なし、速度ゼロ）に力を加えてボールの状態が変化する組合わせは、表1.1のように、A（変形なし、速度変化あり）、B（変形あり、速度変化あり）、C（変形なし、速度変化なし）、D（変形あり、速度変化なし）の4パターンである。このうち、Aはとても硬くて変形せず、ボールは球形を崩さずに飛んだり転がったりする場合であろう。Bはボールが楕円に潰れ、その反動も加わって勢いよく空中にボール

図1.3　ボールの状態の変化

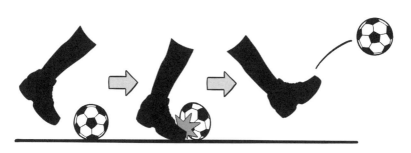

表1.1　ボールの状態の変化と力学

	タイプ	ボールの変形	ボールの速度の変化	力学の問題	各問題で使う法則や原理
動力学	A	なし	あり	運動の問題	ニュートンの運動の法則
	B	あり	あり	エネルギーの問題	エネルギー保存の法則
静力学	C	なし	なし	釣り合いの問題	力の釣り合い
	D	あり	なし	弾性の問題	フックの法則

が飛ぶ場合である。Cはボールの形が変わらずころがりもしない場合で、ボールを蹴るというよりも転がってきたボールを足先で受け止めた場合が考えられる。Dはボールが重くて、軟らかく、潰れても動かない場合が考えられる。

　いずれにしても、各パターンによって扱う力学の法則が異なる。もし「選手がボールに加える力を計算しなさい」という問題が出たとすると、各パターンにおいて考え方が異なる。言い換えれば、適用する力学の法則が違う。Aではニュートンの運動の法則を適用して考える。Bではボールの弾性とボールの運動を合わせたエネルギー保存の法則が成り立つ。Cでは、選手が加える足とボールと地面の摩擦力の釣り合いの問題となる。また、Dでは弾性と変形に関するフックの法則を用いることを考える。一般的に力学の世界では、パターンAとBのように動く物体を取り扱う物理を「動力学」、CやDのように動かない物体を取り扱う物理を「静力学」という。

　以下の章では、表1.1の順番に、動力学として（A）運動の問題、（B）エネルギーの問題、静力学としての（C）釣り合いの問題、（D）弾性変形の問題について説明する。

2 ｜ 動力学：加速度を生み出す「力」

2.1　運動の問題

(1) 運動の法則と慣性の法則

　表1.1のAのパターンの運動の問題としては、力を入れて蹴ったボールが変形なしに飛んでいく場合がある。後で説明するが、ボールを蹴るということは、足でボールにエネルギーを与えることである。このとき、ボールが図1.3のように変形すると、足で与えたエネルギーは変形に一部費やされてしまい、残りがボールを飛ばすことに使われる。つまり効率が悪い。そこで、まず理想的に蹴ることでボールに与えたエネルギーが100%ボールを飛ばすことに使われる場合を考える。このときのポイントは加速

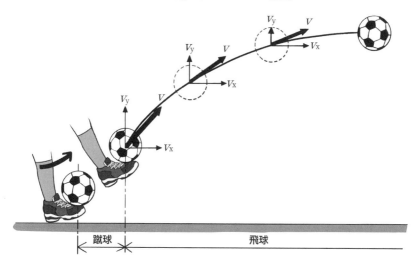

図1.4　蹴られたボールの運動

度である。

　図1.4では、蹴られたボールの速度をベクトルで表している。速度ベクトルは、水平方向速度ベクトルと垂直方向ベクトルに分解できる。このとき水平方向ベクトルの大きさはボールが地面に落ちるまで一定であり、垂直方向ベクトルの大きさは、ボールが上がるほどに小さくなる。

　問題を簡単にするために、水平方向の運動成分だけを考えると、図1.4の飛球区間では、ボールの速度は一定（v_x＝一定）である。蹴球区間では最初ボールは静止しており、選手が蹴ることで速度v_xになる。選手がボールを蹴っている時間をt〔s〕とすると、時間tの間にボールの水平方向の速度は$0 \Rightarrow v_x$に変化している。このように時間t〔s〕あたりの速度の変化を**加速度**a〔m/s²〕という。加速度a〔m/s²〕は、一般的にはv_1で加速する前の速度（初速度）、v_2で加速した後の速度を表すと、

$$a = \frac{v_2 - v_1}{t} \qquad (1.1)$$

となる。図1.4において、蹴球区間ではボールに選手の蹴る力が加わっているが、飛球区間ではボールに加わる力はない。そこでボールの速度を変化させる、つまりボールを加速するためには、力F〔N〕が必要であるこ

とがわかる。これを〔運動の法則〕という。この力はボールの質量を m〔kg〕とすると、

$$F = ma \qquad (1.2)$$

また、式（1.2）を変形して、

$$a = \frac{F}{m} \qquad (1.3)$$

となる。蹴球区間では、ボールに力 F〔N〕が加えられ、その結果加速度 a〔m/s²〕が生じてボールの状態が変化した（速度が $0 \Rightarrow v_r$ となった）。また式（1.3）から、その加速度は物体が受ける力に比例し、物体の質量に反比例することになる。また、図1.4の飛球区間ではボールに力は加えられておらず、水平方向には一定速度 v_r〔m/s〕で飛んでいく。

　以上から、**力とは物体に加速度を生じさせる物理量**であって、力を加えない限り物体の速度を変えることはできず、物体は停止したままか等速運動を続けることとなる。これを【慣性の法則】という。

（2）作用・反作用の法則

　さて、プロの選手と素人が同じ力でボールを蹴ると、同じ飛距離が出るのだろうか。これは直感的にも疑問である。ここで思い浮かべるのが、蹴る「勢い」である。壁をゆっくり押しても痛くはないが、力は同じでもスピードをあげて壁をたたくと「痛い」ことはわかる。また、同じ力であっても、壁を押すのが瞬時か長い時間かによっても痛みは違う。つまり力はモノの状態を変化させるが、同時にこの「勢い」も変化させる。さて、図1.5において選手がボールを蹴る場合を考える。

　ボールを蹴るときは、足を振り上げてスイングしてボールを蹴る。するとボールは、短い時間ではあるが足と一体となってフィールド上を滑り、やがて足から離れて飛んいく。ボールを蹴る場合、足には抵抗力を感じるが、この力はどの程度なのだろうか。物体の状態の変化を考える場合、【運動の法則】と【慣性の法則】以外に【作用反作用の法則】がある。作用・反作用の法則とは「物体Aから物体Bに力を加えると、物体Aは物体Bから同じ大きさの逆向きの力（反作用）を同一作用線上で受ける」とい

図1.5　ボールのキック

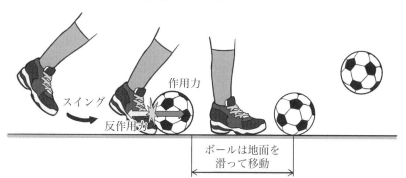

うものである。

　一見当たり前のようではあるが、図1.5のようにボールを蹴ってボールと足が一体となって動いている間中、足は反作用を受け続ける。この点がカン違いしやすいところである。つまり、作用・反作用の法則では、2つの物体（ここでは足とボール）の間に力が働いている場合には、2つの物体が等速で動いていたとしても、あるいは静止していたとしても、2つの物体の間で同じ大きさの力を及ぼし合うことになる。図1.5のようにボールを蹴る場合、足とボールの間で作用・反作用が生じて、足は蹴った力F〔N〕と逆の方向で同じ大きさの力F〔N〕をボールから受けることになる。

(3) 運動量と力積

　足が反作用の結果として、ボールから力F〔N〕を受けるとき、実は蹴る力に加えて蹴る「勢い」が関係してくる。「勢い」の表し方は2つある。それは、ボールを蹴る速度に関係する場合と、ボールを蹴る時間に関係する場合である。前者を**運動量**U〔kgm/s〕といい、勢いを**運動の激しさ**で表現している。一般的に質量m〔kg〕の物体が速度v〔m/s〕で動いている場合、

$$U = mv \quad (1.4)$$

で表す。

　後者は**力積**S〔Ns〕といい、勢いを**衝撃の程度**で表したものである。一

般的に力 F 〔N〕が t 〔s〕間作用した場合、

$$S = Ft \qquad (1.5)$$

で表す。

そして、式（1.4）と式（1.5）の間には、「**物体の運動量の変化は、そ
の間に受けた力積に等しい**」ことが成り立つ。

再び図1.5で考える。同図において、通常ボールを蹴る前には足を振り
子運動させるスイングが必要であり、いったん足を引いて停止させて構
え、やがて足をスイングさせて勢いを付けてボールを蹴る。蹴り足の質量
を m 〔kg〕として、最初の足の速度を $v_1 = 0$、ボールを蹴る瞬間のスピー
ドを v_2 〔m/s〕とすると、スイングの前と後の運動量の差 ΔU は、

$$\Delta U = mv_2 - mv_1$$
$$= mv_2 - m \times 0 = mv_2 \qquad (1.6)$$

式（1.6）が力積 Ft に等しいことから

$$Ft = mv_2 \qquad (1.7)$$

ボールから受ける衝撃は蹴る力の反作用 F 〔N〕であり、この F は式
（1.7）より、

$$F = \frac{mv_2}{t} \qquad (1.8)$$

であるから、仮に足先の質量を0.1〔kg〕、蹴る瞬間の速度 $v_2 = 80$〔km/
h〕= 22.2〔m/s〕、ボールを蹴っている時間 $t = 0.1$〔s〕とすると、

$$F = \frac{mv_2}{t} = \frac{0.1 \times 22.2}{0.1} = 22.2[\text{N}] \qquad (1.8)$$

これは重さにすると約2キログラム重であるから、1リットルのペット
ボトル2本分に相当する衝撃レベルであることがわかる。

以上の説明で、物体の運動を変化させる力と加速度、作用と反作用に関
する関係が明らかになった。これらについてアイザック・ニュートンは
「**運動の法則**」として次のようにまとめている。

① 力が作用しなければ、あるいはいくつかの力が働いていても、それら
　の力がつり合っていれば、物体は静止したままか、等速直線運動をす
　る。　　　　　　　　　　　　　　　　　　　　　　　　　【慣性の法則】

② 物体に力を加えると、力の方向に加速度を生じる。その加速度は物体に加えられた力に比例し、物体の質量に反比例する。　【運動の法則】

③ 物体が他の物体に力を及ぼすとき、その物体から同じ大きさの逆向きの力を受ける　　　　　　　　　　　　　　【作用・反作用の法則】

2.2　エネルギーの問題

(1) エネルギーを生み出す力（仕事と運動エネルギー）

　さて、サッカーではボールをキックするだけでなく、パスしたりドリブルしたりする。図1.6のように、静止しているボールを選手が転がす場合を考える。選手は足でボールに力F〔N〕を加えて、ボールを距離L〔m〕だけ運ぶ。このとき選手は「ボールに**仕事をした**」といい、その仕事W〔J〕は、

$$W = FL \qquad (1.9)$$

で表される。

　一方、ボールは最初の速度$v_1 = 0$〔m/s〕から距離L〔m〕運ばれて、速度$v_2 = v$〔m/s〕になった。つまり静止していたボールは選手から仕事分のエネルギーをもらって速度v_2で動くことになった。一般に、質量m〔kg〕の物体が速度v〔m/s〕で動いている場合、物体は**運動エネルギー**E〔J〕を持ち、その値は、

図1.6　ボールを転がす仕事

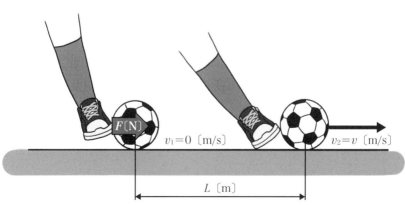

$$E = \frac{1}{2}mv^2 \qquad (1.10)$$

である。ところが図1.6の場合、ボールは最初止まっており、距離L〔m〕運ばれるまでにボールの速度が変わっている。そこでこの場合、ボールの運動エネルギーは速度の変化に伴って変化する。足に当たる瞬間までのボールの速度は$v_1 = 0$〔m/s〕であるが、足に当たって足がL〔m〕だけ動いた後のボールの速度は$v_2 = v$〔m/s〕となるので、運動エネルギーの変化ΔEは、

$$\Delta E = \frac{1}{2}mv_2^2 - \frac{1}{2}mv_1^2$$

$$= \frac{1}{2}mv_2^2 - \frac{1}{2}m0^2 = \frac{1}{2}mv_2^2 = \frac{1}{2}mv^2 \qquad (1.11)$$

式（1.11）は選手からボールが得た運動エネルギーの増加分を表している。選手が仕事に相当するエネルギーをボールに与え、この結果ボールの運動エネルギーが増えたわけであり、選手のした仕事W＝ボールの得たエネルギーΔEとなる。つまり次の式が成り立つ。

$$W = \Delta E \qquad (1.12)$$

これは式（1.9）と式（1.10）を使って、

$$FL = \frac{1}{2}mv^2 \qquad (1.13)$$

と表される。

(2) エネルギー保存の法則

次に、図1.7のように、位置A、質量m〔kg〕のボールが瞬時に速度v_1となり、やがて位置Bでは高さh〔m〕で速度v_2になった場合、キックするという仕事で位置Aのボールが得たエネルギーは$E_A = \frac{1}{2}mv_1^2$〔J〕、それが位置Bでは$E_B = \frac{1}{2}mv_2^2 + mgh$〔J〕を持つことになる。ここで$mgh$〔J〕を位置エネルギーという。つまりボールは、空に上がれば運動エネルギーの他に位置エネルギーを持つことになる。

この運動エネルギーや位置エネルギーを力学的エネルギーと総称する。

図1.7　エネルギー保存の法則

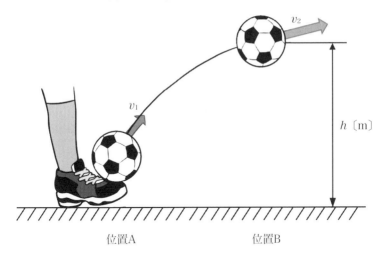

位置A　　　　　　　　位置B

そして力学的エネルギーの総和は、ボールの位置が変わっても不変である。そこで、

$E_A = E_B$　　　つまり

$$\frac{1}{2}\,mv_1{}^2 = \frac{1}{2}\,mv_2{}^2 + mgh \qquad (1.14)$$

が成り立ち、ボールが得たエネルギーは、位置が変わっても一定に保存される。エネルギーは条件や使われ方によって千差万別にその姿を変化させる。ボールを蹴るのは力学的エネルギーであるが、このエネルギーは電気的エネルギーや熱的エネルギー、音エネルギーなど多くの姿に変化する性質を持つ。そして、どのような姿になっても、その総量は変わらない。これが【エネルギー保存の法則】である。

3 | 静力学：停止状態を生み出す「力」

3.1 釣り合いの問題

(1) 力の作用反作用の問題と釣り合い

本論に入る前に、間違えやすい重要なポイントがあるので整理をしておく。作用・反作用の法則や釣り合いは、どちらも同じ大きさの力が反対向きに作用する場合のことではあるが、次の点で大きく異なる。

① 作用・反作用：2つの物体（サッカー選手の足とボール）の間に働く力の関係

② 釣り合い：1つの物体に働く力の関係

図1.8のようにボールに働く力を考えるために、足を消してボールだけに注目すると、作用・反作用が働く場合には、ボールには足の作用力1つしか作用しておらず、運動の法則によって力が作用する方向にボールは動く。一方、釣り合いの力が作用する場合には、ボールには向きが反対で同じ大きさの2つの力が作用することで、慣性の法則にしたがってボールは動かない。

(2) 力の釣り合い

複数の力が作用しているのに物体が動かない場合、これらの力は釣り合っているという。これは複数の力が働いていても合力が0になっているからであり、この現象を力の釣り合いという。物体に働く力が釣り合っていると、物体は動かないか等速度運動を行う。図1.8 (b) の力の釣り合いについてもう少し詳しく考えるために、改めて図1.9を示す。

同図 (b) はボールを両側から足で押している場合である。このとき、サッカーボールに作用する力は、選手Aの力F_1〔N〕、選手Bの力F_2〔N〕、ボールの重量W〔N〕、地面からの反力R〔N〕がある。

そこで水平方向だけを考えると、選手Aの力と選手Bの力が同じならば、

$$F_1 = F_2 \qquad (1.15)$$

図1.8　作用反作用と力の釣り合い

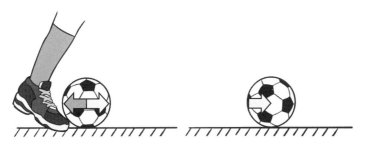

(a) 作用反作用の問題
選手がボールを蹴ったとき、蹴球力と同じ大きさの反作用力を足先に感じ、痛いと思う。
ボールだけに注目すると、ボールには1方向の蹴球力しか働かないので、力の方向に動いていく。

(b) 釣り合いの問題
両方から同じ力で押し合ってボールが静止しているとき、両選手は足先に反作用力を感じる。
ボールだけに注目すると、ボールに方向が反対で同じ力が作用している。このときボールに作用する力は釣り合うことでボールを静止させている。

となり、水平方向で力は釣り合っているので、ボールは水平方向には移動しない。次に垂直方向を考えると、ボールは地面の下にもぐっていかないので釣り合っているはずである。この場合は、

$$W = R \qquad (1.16)$$

が成り立つ。上の式でボールの重量 W〔N〕はボールの質量を m〔kg〕、重力加速度を g〔m/s²〕としたとき、

$$W = mg \qquad (1.17)$$

図1.9　釣り合い問題の例

（a）外力同士の釣り合い

（b）外力と摩擦力の釣り合い

　また図1.9（a）においては選手Aだけがボールに力を加えながらボールを転がさずに滑らせて一定速度vで動かしている場合である。このときボールは動いているので、力が釣り合っていないとカン違いしやすいが、等速度運動をしている場合には力の釣り合いが成り立つ。この場合の水平方向の力の釣り合いは、選手Aの力F_1〔N〕とボールと地面の摩擦力F_3〔N〕が釣り合って、

$$F_1 = F_3 \qquad (1.18)$$

　式（1.18）において摩擦力F_3は反力Rと地面とボールの間の摩擦係数μをかけたものであり、

$$F_3 = W\mu \qquad (1.19)$$

である。また、垂直方向の釣り合いはボールの重量W〔N〕＝地面の反力R〔N〕で、式（1.16）と同じである。図1.9の（a）（b）でのボールにお

ける作用点はボールの質点となる。

　質点とは、ボールの重心のようなもので、大きさのない1点に力がかかってるような架空の点である。釣り合い問題はこの質点が力の作用点となり、この点に複数の力が作用する場合（図1.2）などの例が多い。

3.2　弾性の問題

（1）剛体の釣り合いと弾性体の釣り合い

　さて、釣り合いの問題については図1.10がある。同図の（a）は典型的な釣り合い問題で、質点である球の重心に重力Wとロープの張力Tが作用している。（b）はばねの先に重量Wの球体がぶら下がっているもので、重力Wとばねの復元力Kが釣り合っている。（a）ではロープの張力は球体の重さによってしか変化せず、より重い球体をぶら下げても、ロープが切れない限り長さは変化しない。一方、（b）のばねの復元力Kは、ばねの種類によって異なるばね定数kによって変化すると同時に、より重い球体をぶら下げると、図よりδだけ伸びた状態で安定する。

　（b）のばねのように変形する（伸びる）ことで釣り合いが成立するものを弾性釣り合い、（a）のようにロープが伸びないものを剛性釣り合いと呼ぶことにする。弾性とは、表1.1Dのパターンのようにボールは空気で

図1.10　剛性釣り合いと弾性釣り合い

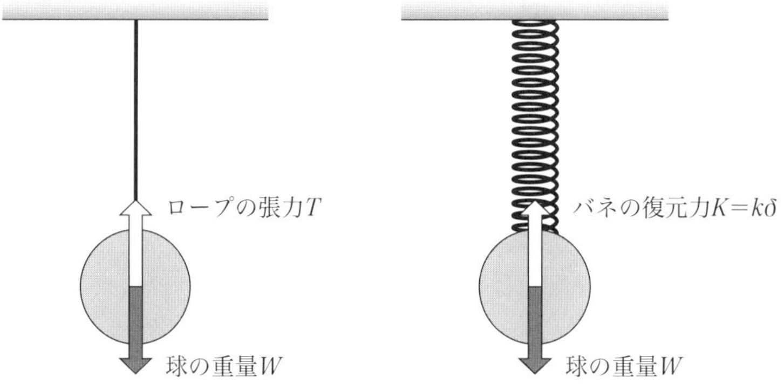

（a）剛性釣り合い　　　　　　　（b）弾性釣り合い

弾力があるので蹴ってボールに力を加えると凹むが、凹んでも自分で回復しようとする性質のことをいう。また剛性とは、弾性に対して変形がないような性質のことである。ここでは弾性変形について考える。弾性の程度を表すものとして弾性定数がある。これはばねのばね定数のようなもので、それをkとし、凹み量をδとすると、それらを掛け合わせた$k\delta$が弾性による回復力Kとなり、

$$K = k\delta \qquad (1.20)$$

で表される。

　図1.11では、ボールを押す力F_1と釣り合う力は、弾性回復力Kに加えて地面の摩擦力が釣り合ってい$F_3 = W\mu$が釣り合っている。そこでボールの質点における釣り合いは、

$$F_1 = K + F_3 = k\delta + \mu W \qquad (1.20)$$

の関係がある。この式は「ボールを蹴ったのになぜ動かないか」という理由を説明することになる。式（1.20）の特徴は、ボールの凹む量δとボールと地面の間の摩擦係数μによって釣り合うか、否かが決まるという危うい状態である。もし選手の蹴る力F_1と摩擦係数μが一定でもδが小さいとボールは凹み、δが予想以上に大きければ選手の足が後ろに跳ね上げられることも起きる。

図1.11　ボールの弾性

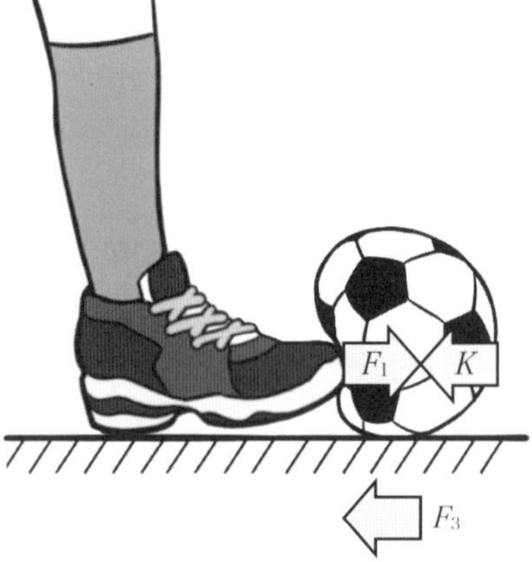

以上のように、力の釣り合いや変形を扱う問題を静力学といい、変形を取り扱う場合には材料力学として軸の曲がりなどの変形やそのときの軸の強度などを検討する。材料力学についてはⅢ章で解説するので、弾性問題についてはここまでとする。

4 たった3つの式で「力学」のすべてをマスターできる

さて、1〜3までを力の作用でまとめると、1つの動く物体に力が働く場合には運動方程式、1つの静止している物体に力が働く場合には釣り合いの式、2つの物体間に力が及ぼし合う場合には作用・反作用の式と運動量と力積の式、2つの物体間でのエネルギー交換には、エネルギー保存の式が成り立った。

後の章で説明する材料力学、流体力学、熱力学なども含めて、力学の大半は次の3つの式さえしっかりと真意を理解しておけばマスターできる。

① 運動方程式
② 釣り合いの式
③ 保存の式

力学を学ぶ多くの人が、テキストを前にして「難しい公式を無限に覚える必要があるのではないか」と戦わずして敗れるのはもったいない話である。たとえば材料力学では、応力を使った力の釣り合い、モーメントの釣り合いが出てくる。流体力学では圧力を使った力の釣り合いや流体の流れ現象における運動量保存の法則、熱力学では力学的エネルギーと熱エネルギーの変換におけるエネルギー保存などに展開されるにすぎない。基本を押さえておくことはすべてに通じる。また、①〜③に共通しているのは、左右の式が＝（イコール）で結ばれており、左辺と右辺の物理量が等しいことを表している。さらには①〜③の舞台へ登場するのは、力、質量、速度、加速度、時間の5つの役者であり、以降の章では各分野に特徴のある応力やひずみ、圧力や流量、温度や熱量などが加わることになる。

第 II 章

動力学

第 I 章によると、力とは物体の状態を変化させる原因となる作用であることから、停止している物体を動かし、物体を変形させることができる物理量であった。とくに物体を動かす力の働きは、自動車や航空機、ロボットやエレベーターなど、私たちの身近な機械に活用されて、生活の便を図ってくれている。第 II 章では、物体の動きに着目した力学、すなわち動力学について考えてみる。動力学では、第 I 章で取り扱った距離、時間、速度、加速度に物体の質量を加えることで、仕事・動力・エネルギーの考え方が必要になる。また、それらに加えて、物体の運動に伴って発生する慣性力や振動現象の実際の設備機械への現れ方について理解することで、機械の動きの仕組みを理解できる能力を身につけることができる。

1.1　切削加工に見る力学3要素（力、速度、動力）

　旋盤で切削加工をするためには、材料に工具を当てて削り取る必要がある。つまり、材料というモノの状態を変えるために、工具に力（切削力）F〔N〕を加える必要がある。この切削力Fによって、材料を総延長L〔m〕削ることになる。

　第Ⅰ章で解説したとおり、ボールを蹴るという仕事は、ボールを飛ばすエネルギーを生み出した。つまり仕事とエネルギーは本質上同じものである。ということは、エネルギーから仕事を取り出すこともできる。材料を削るときには、切削力F〔N〕×切削長さL〔m〕分の仕事W〔J〕が必要となるが、この仕事はどこからか供給しなければならない。つまり、切削という仕事をするにはエネルギー源が必要であり、一般に電気や熱を利用する。電気は電動機を介して、また熱はエンジンを介して仕事を供給する。電動機やエンジンは、自然界のエネルギーを機械的エネルギーに変える装置でもあり、これを原動機という。

　一方、仕事W〔J〕で材料をL〔m〕削り取るためにどれだけ時間を要してもよいという訳ではなく、仕事には当然効率が要求される。つまり、時間当たりの仕事が要求される。この時間当たりの仕事が仕事率である。仕事率は動力P〔W〕とも言い、この方が馴染み深い。動力とは言わば「パワー」のようなものであり、大きな動力を持つ原動機を使えば大きな力・大きな速度を生み出すことができる。また、力Fが大きいほど硬いものが削ることができ、速度vが大きいほど早く削ることができる。つまり、切削加工には、**力と速度と動力という3要素**が必要となる。

1.2　切削の仕事と動力とは

　切削加工において、原動機より得られる動力P〔W〕は、切削仕事W〔J〕と切削所用時間t〔s〕より、式（2.1）のように表すことができる。

$$P = \frac{W}{t} \qquad (2.1)$$

　式（2.1）において、切削仕事 W〔J〕は切削力 F〔N〕と切削長さ L〔m〕の積であるから、

$$W = FL \qquad (2.2)$$

と表される。式（2.2）を式（2.1）の W に代入すると、

$$P = \frac{W}{t} = \frac{FL}{t} = F\left(\frac{L}{t}\right) \qquad (2.3)$$

となる。また、式（2.3）において切削長さ L〔m〕÷切削所用時間 t〔s〕は切削速度 v〔m/s〕であるから

$$v = \frac{L}{t} \qquad (2.4)$$

　式（2.4）を式（2.3）に代入すると次の式（2.5）となる。

$$P = F\left(\frac{L}{t}\right) = Fv \ \ [\text{W}] \qquad (2.5)$$

と表される。

　式（2.5）は、切削加工の3要素（切削力、切削速度、切削動力）間の関係を示すものであり、動力（パワー）が切削力 F と切削速度 v を生み出すことを示す式にほかならない。実際の切削は図2.1のように刃物である工具を材料に食い込ませ、工具に力を与えることで材料をはぎ取る形である。

　さて、注意すべきは切削速度で、図2.2（a）の形削り盤のように固定した材料に対して刃物が動く場合には、刃物の水平移動速度＝切削速度になる。図2.2（b）の旋盤のように刃物に対して材料が回転する場合には、切削速度は材料の外周速度となる。

図2.1　工具による切削

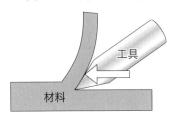

図2.2　工具による切削方向と速度

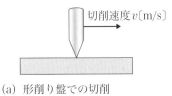

(a) 形削り盤での切削
　　切削速度＝工具の直線運動速度

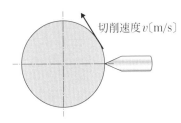

(b) 旋盤での切削
　　切削速度＝材料の周速度

1.3　旋盤の直線運動と回転運動の組合わせ

　動力学を考える上でのポイントは、回転〜直線運動の関係（式）を把握することである。旋盤を例にとって考えてみよう。

（1）旋盤加工のしくみ

　図2.3のように、旋盤加工では主に円筒形材料の外径を削る。このとき、材料の回転に伴い、工具は水平方向と材料の中心方向に動くことで切削する。

　旋盤の工具で材料を削る周速度を切削速度という。刃物の水平方向の動きは「送り」といい、材料1回転当たり刃物が水平方向に動く距離を送り量〔m/回転〕と呼ぶ。また材料の中心方向の動きを「切込み」といい、切込み分だけ材料を削り取るので、その切込み厚さを切込み量〔m〕と呼ぶ。つまり、旋盤では回転運動と直線運動のタイミングを合わせることで切削（旋削）を実現している。そして切削速度 v〔m/s〕、送り量〔m/s〕、

図2.3　工具による切削方向と速度

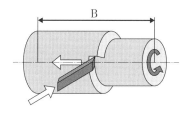

切込み量〔m〕の3つを切削条件という。

（2）切削速度

　切削速度が大きいほど加工面はキレイに仕上がり、短時間で切削できる。逆に切削速度を小さくすると加工面は粗くなり、切削時間も長くなる。そのため切削速度は極力大きくした方が加工面の粗さと加工効率は良くなるが、工具の摩耗も早める。そこで、最適な切削速度を設定することは加工にとって重要な課題である。

　切削速度は材料の周速度になるため、材料の1回転当たりの切削長さはL＝材料の直径$D×\pi$となり、切削速度の式（2.4）より以下のように表せる。

$$v = \frac{L}{t} = \frac{\pi D}{t} \qquad (2.6)$$

　式（2.6）の分母tは材料が1回転するのに要する時間である。旋盤の主軸回転数をN〔回転/s〕＝N〔r/s〕とすると、

$$\frac{t秒}{1回転} = \frac{1秒}{N回転} \qquad (2.7)$$

の式が成り立つため、この式より、

$$t = \frac{1}{N} \qquad (2.8)$$

　式（2.8）を式（2.6）に代入すると、切削速度は次の式で計算することができる。

$$v = \pi DN \; 〔m/s〕 \qquad (2.9)$$

　実際には製造業においては、長さはミリメートル〔mm〕、回転数は毎

分当たりの回転数〔rpm〕を使うことが慣わしとなっているが、旋盤作業を例にとりつつも本書は物理の一翼である力学がテーマであるので、SI単位の基本に沿って、長さはメートル、時間は秒を使うことにする。

(3) 送り量

　旋盤でいう送り量とは、主軸が1回転する間にどれだけ刃物が移動したかを表す距離のことである。送り速度とも呼ばれ、〔m/回転〕＝〔m/r〕の単位で表す。しかし、切削速度と異なり、送り量の理解は難しい。

　ここで回転～直線への変換センスが効いてくる。旋盤加工では、材料の回転と同時に工具が水平方向に動く。もし、材料上にカメラを装着して工具を観察すると、ねじと同じようにらせん運動をする。送り量はねじが1回転当たりに進む量（ねじのリード）に等しい。そこで、1回転当たりの送り量を S〔m/r〕、工具の水平移動速度を v〔m/s〕、主軸回転数を N〔r/s〕とすると、

$$v = SN \,\text{[m/s]} \qquad (2.10)$$

　よって、送り量 S は、

$$S = \frac{v}{N} \text{〔m/r〕} \qquad (2.11)$$

と表される。

また、図2.3のように切削水平方向長さをB、切削に要する時間をtとすると、vはまた、次のように表せる。

$$v = \frac{B}{t} \text{〔m/s〕} \qquad (2.12)$$

式（2.12）を式（2.11）に代入すると、

$$S = \frac{B}{Nt} \text{〔m/r〕} \qquad (2.13)$$

また、旋盤加工を行った製品の品質の1つに表面の滑らかさがある。これは、一般的に1/1000mmオーダーの凹凸であり、「表面粗さ」と言われる。この表面粗さをRzとしてm単位で表すと次のようになる。

$$Rz = \frac{S^2}{8r} \times 10^{-3} \text{〔m〕} \qquad (2.14) \qquad （rは工具先端の半径）$$

そこで、送り量（送り速度）は切削長さと所用（希望）切削時間から式（2.13）を用いて計算できる。式（2.13）と式（2.14）より、送り量を大きくすると加工面は粗くなるが加工時間は短く、逆に送り量を小さくすると加工面は細かく（キレイに）なるが加工時間は長くなることがわかる。

（4）切込み量

旋盤の加工では、刃物が材料を彫り込む深さを切込み量〔m〕という。切込み量が大きければ大きいほど加工時間は短くなるが、刃物が高温になり加工面は粗くなる。工具の切れ刃に焼け跡がつくこともあり、工具の寿命にも影響する。

1.4　例題と演習問題（旋盤に必要な動力を求める）

力学が苦手という人は一様に「計算が難しい」と言う。しかし、これはコツさえつかめば解消される悩みである。そのコツとは、わずかで簡単な公式をあらゆる場合に当てはめて拡張することである。そうしなければ無

限に多くの式を覚えるか、つねにインターネットで検索するという煩わしさから逃げられない。

　具体的には、本書で示した簡単な式からいかに活用したい形を引き出すか（誘導するか）である。

【例題】
　旋盤加工に必要な動力を求める式を誘導しなさい。ただし、諸条件は自分で設定すること。

　通常の例題は計算の条件、たとえば材料の直径や切削速度などが与えられるが、ここでは自ら必要な条件も考えてみよう。

　まず動力を求める公式は式（2.5）であった。

$$P = F\left(\frac{L}{t}\right) = FV\,[\mathrm{W}] \qquad (2.5)$$

　この式において、Fはこの場合切削力である。また、Vは切削速度（材料の周速）である。そこでまず（2.5）を

$$P = Fv\,[\mathrm{W}] \qquad (2.15)$$

としてみよう。式（2.15）でvはモータの回転数から知ることができるが、Fについては計ることができない。そこで実用式としては、計測可能な物理量に置き換える必要がある。

　材料の種類はわかっている。そこで材料固有の数値として比切削抵抗σがわかっている。比切削抵抗とは単位面積当たりの切削抵抗値で、一般に1刃当たりの送り量が大きくなれば、比切削抵抗値は小さくなる。資料としては、次のような数値が紹介されている。

・鋼材：2000N/mm^2
・ステンレス材：3000N/mm^2
・鋳鉄：1500N/mm^2

　比切削抵抗σに切削面積を乗ずれば切削抵抗力Kになる。すなわち、

$$K = A\sigma\,[\mathrm{N}] \qquad (2.16)$$

この切削抵抗力Kに打ち勝つ（等しい）力が切削力F_cとなる。また、

切削面積は図2.4より、材料（主軸）1回転当たり、切込み量h×送り量Sとなる。この場合の送り量は1回転当たり〔m/r〕であるが、ここでは単純に切り屑の幅として扱うので、単位は〔m〕を使う。つまり、

$\qquad A = hS\,\text{〔m}^2\text{〕}$　　　　(2.17)

式（2.17）を式（2.16）に代入すると、

$\qquad K = hS\sigma\,\text{〔N〕}$　　　　(2.18)

これが切削力F_cになることから、

$\qquad F_c = K = hS\sigma\,\text{〔N〕}$　　　　(2.19)

そして式（2.19）を式（2.15）に代入することで動力は、

$\qquad P = hS\sigma v$　　　　(2.20)

と求められる。ここで質問であるが、式（2.20）の単位は何であろうか。動力の単位は電動機の容量（パワー）の単位と同じで〔W〕である。本当に式（2.20）の単位はワットになっているかどうか調べてみよう。

式（2.20）の右辺の各項は　h〔m〕、S〔m〕、σ〔N/m^2〕、v〔m/s〕であり、これらを掛け合わせるということは、単位も同時に掛け合わせることになるので、

$\qquad h \times S \times \sigma \times v \Rightarrow \text{〔m〕} \times \text{〔m〕} \times \text{〔N/m}^2\text{〕} \times \text{〔m/s〕} = \text{〔N·m/s〕}$

最後の〔N·m/s〕は力×距離÷時間の単位となっており、力×距離÷時間は動力であるので〔N·m/s〕⇒〔W〕となる。事実教科書を調べると動力の単位は〔W〕と書いてある。

そこで改めて式（2.20）は、旋盤で材料を加工する場合の所用動力だと間違いないことがわかった。ただ、ここで実用的には効率η〔%〕を考慮する必要がある。せっかく電気エネルギーを供給しても、材料を削るには

図2.4　食い込み量

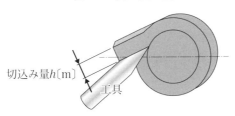

切込み量h〔m〕

工具

そのηしか使われない。言い換えれば式（2.10）の切削を行うには、1/ηだけ余計にエネルギーが必要となる。そこで実動力は次の式（2.21）となる。

$$P = \frac{hSv\sigma}{\eta} \ \text{〔W〕} \qquad (2.21) \quad \text{答え}$$

【演習問題】

① 製造業界では式（2.21）において、h〔mm〕、S〔mm/r〕、v〔mm/min〕、σ〔MPa〕の場合、所用動力の式は、

$$P = \frac{hSv\sigma}{60 \cdot 10^3 \cdot \eta} \ \text{〔kW〕} \qquad (2.22)$$

で与えられることが多い。式（2.21）を用いて（2.22）を誘導しなさい。

② 式（2.22）において、$h = 5\text{mm}$、$S = 0.1\text{mm/r}$、$v = 140\text{m/min}$、$\sigma = 361\text{MPa}$、$\eta = 80\% = 0.8$ とした場合の所用動力を求めなさい。

【解答と解説】

① 式（2.21）の

$$P = \frac{hSv\sigma}{\eta}$$

において、

h〔mm〕$= h \times 10^{-3}$〔m〕、S〔mm/r〕$= S \times 10^{-3}$〔m/r〕、v〔m/min〕$= v \times 1/60$〔m/s〕、σ〔MPa〕$= \sigma \times 10^6$〔Pa〕と単位を換算して代入すると、

$$P = \frac{(h \times 10^{-3}) \times (S \times 10^{-3}) \times v \times \sigma \times 10^6}{60\eta}$$

$$= \frac{h \times S \times v \times \sigma}{60\eta} \ \text{〔W〕}$$

$$= \frac{h \times S \times v \times \sigma}{60 \times 10^3 \eta} \ \text{〔kW〕} \qquad (2.22)$$

が得られる。

② 式（2.22）において、$h=5\text{mm}$、$S=0.1\text{mm/r}$、$v=140\text{m/min}$、$\sigma=361\text{MPa}$、$\eta=80\%=0.8$ を代入すると、

$$P = \frac{h \times S \times v \times \sigma}{60 \times 10^3 \eta} = \frac{5 \times 0.1 \times 140 \times 361}{60 \times 10^3 \times 0.8}$$

$$= 0.526\text{kW}$$

となる。

2 | モノの移動と位置決め

2.1 搬送装置に見る運搬3要素（速度、距離、時間）

　宅配便のように荷物を届ける業務では、就業時間内にいかに多くの荷物を配達できるかにかかっている。また、ランチのデリバリー業では、広域内をいかに早く、多く運ぶかという工夫が絶えない。そのためには、人よりはオートバイ、オートバイよりは自動車といった機械の力を借りることになる。しかし、機械の力を借りると人件費にプラスして燃料代などのコストもかかることになり、配達利益との兼ね合い、いわゆるコスパが問題となる。ここではこの問題は置いておいて、輸送に関する力学現象を考えよう。

　箱などをコンベヤで運搬する場合、作業効率として運搬速度 v〔m/s〕、運搬距離〔m〕、運搬時間〔s〕が重要である。そこで、この3つを運搬3要素と呼ぼう。たとえば、図2.5において作業者の運ぶ荷物の重量を1個当たり w〔N〕、運搬距離を L〔m〕とすると、作業者が荷物を1個運ぶ仕事 L〔J〕は、$w \times L$〔J〕となる。

　作業者の仕事の効率を上げるには、1回に2個以上運べばよい。仮に n 個の荷物を運んだ場合の仕事は、$L=nw \times L$〔J〕となる。

　しかし、n は何で決まるかというと、作業者の持つエネルギー（体力運動能力など）によって制限を受ける。会社が要求する運搬個数/時間を満たすには、それに見合う動力を持った人間が必要となる。人では持てる個数に限りがあるので、機械化という考えが出てくる。機械にすれば動力は

モータなどの容量を大きくして、かなりの仕事をこなすことができる。ここで再び式（2.5）に注目すると、

$$P = F\left(\frac{L}{t}\right) = Fv \ [W]$$

であり、今の場合は $F = w$ であるから、

$$P = w\left(\frac{L}{t}\right) = wv \ [W] \qquad (2.23)$$

である。式（2.23）を見ると重量 w の荷物を運ぶための時間当たりの仕事（力を入れて物体を運ぶ）を決める要素は、運搬速度 v〔m/s〕、運搬距離 L〔m〕、運搬時間 t〔s〕の3つであることがわかる。

2.2 間違いやすい等速運動と等加速度運動

(1) AGVの運行距離と速度

荷物の搬送では図2.5のようなベルトコンベヤがよく使用されるが、搬送先が種々ある場合には、図2.6のように無人搬送車（AGV：Automatic Guided Vehicle）がよく使われる。

図2.5　運搬に要する仕事と効率

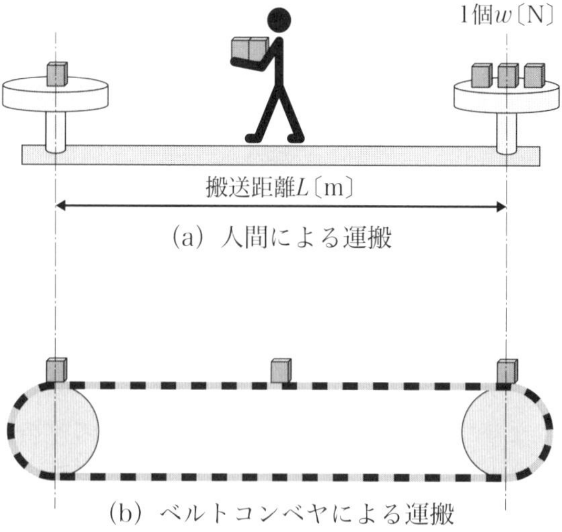

　AGVは床面に磁気テープや磁気棒を敷設し、その磁気により誘導されて無人走行する自動機械である。自動運転を行う以上、行き先やルート、速度、起動・停止位置は、あらかじめ人間がプログラムする。そこでAGVを役に立たせるには正しい運行計画を入力することが必須である。プログラミングにおいて大切なことは、AGVの停止位置の指令（距離）は出発点（原点）からの距離でカウントすることである。

　運行プログラムでもっとも大切なのは、各位置における運行距離と運行速度である。図2.7の例では、AGVは仕事がないときは、常に原点（通常は充電部署）に停止・充電している。作業指示が出ると、AGVは原点を出発して一定速度v_0〔m/s〕で荷受け点を通過しながら重量W〔N〕の荷物を荷台に乗せる。その後AGVは加速度a〔m/s^2〕で速度をv〔m/s〕に上げ、その速度を保ちながら計量点を通過する。この例において、計量点を通過するときの速度v〔m/s〕、原点からの運行距離L〔m〕を求めたい。まず、計量点通過速度v〔m/s〕は、

$$v = v_0 + a(t - t_0) \qquad (2.24)$$

である。式（2・24）から計量点通過速度v〔m/s〕は原点での速度$v = 0$〔m/s〕には無関係であることに注意が必要である（$v_0 = 0$と誤ることが多い）。次に計量点までの運行距離L〔m〕は、

$$L = L_0 + v_0(t - t_0) + \frac{1}{2} a(t - t_0)^2 \qquad (2.25)$$

である。式（2.25）は次のようにして導かれる。

　まず、式（2.25）の第1項は原点から荷受点までの距離である。第2項、第3項は、距離＝速度×時間であるので、図2.8における面積で表される。第2項は定速での荷受点通過速度$v_0 \times t$であるので、図2.8における□

図2.6　無人搬送車（AGV）

図2.7　AGVの運行条件

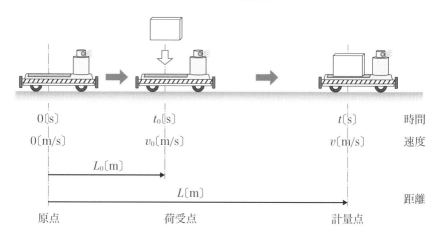

図2.8　運行距離の計算

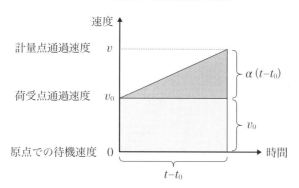

の部分の面積となる。また、第3項は$v_0 \rightarrow v$の加速によりさらに進んだ距離で、図2.8における△の面積である。また式（2.24）と（2.25）から時間tを消去すると、

$$v^2 - v_0{}^2 = a(L - L_0) \qquad (2.26)$$

の式が得られる。AGVの運行においては距離や速度は搭載計器によって測定可能であるが時間までは不明のときに通過点の速度を知るために使える便利な式である。

(2) AGVの運行計画

　AGVでもっとも気を付けることは最適運行計画であり、最短時間でより多くの荷物を運ぶことである。ここで次のような問題について考えてみよう。

【問題】

　最初にホームポジションである充電位置で停止をしていたAGVが、モータによる推進力 F 〔N〕を得て発進して速度 v_1 〔m/s〕で距離 L_1 〔m〕走り、さらにその後 v_2 〔m/s〕に速度を上げて距離 L_2 〔m〕を走った。その後、減速して v_1 〔m/s〕に戻って L_1 〔m〕走ったのちに停止した。ただし、発進から v_2 〔m/s〕に達するまでの時間 t と v_2 〔m/s〕から停止するまでの時間は等しいとする。

　また、問題文には与えられていなくても、必要があれば物理量とその記号を用いてもよい。このとき、

(1) 縦軸に速度、横軸に時間と距離をとって速度—距離・時間グラフを描きなさい。

(2) 全距離を進めるのに必要な動力 P の式を書きなさい。

（1）の誤答例としては図2.9となる。

（2）図2.9より、

　　　動力 $P = Fv_1 + Fv_2 \times 2$ 〔W〕　　　(2.27)

　この解答は、力学初心者の7割が誤答してしまう代表である。ここで忘れてはならない大切なポイントは、次の2点である。

① AGVを動かすには力が必要で、力が加わると必ず加速度が生じる

② ①とは逆に、等速運動では力を必要としない

　まず第一の誤りは、速度が0からいきなり速度 v_1 になると、ショックで荷物がひっくり返るであろうし、もしこれが乗用車であれば中の運転手は衝撃を受けるだろう。

　力学のコツの1つは「もし、自分が乗っていればどうだろうか」と考えることである。これは筆者が教鞭をとる高専の学生にいつも言うことであ

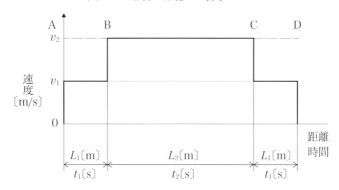

図2.9 速度—距離・時間グラフ

る。乗用車に置き換えると考えやすい。車を発進させるにはアクセルを踏む。アクセルを踏むことでエンジンに燃料が噴射され、新たな動力を得てピストンが回り、その回転力でタイヤの回転を速めるのである。

AGVも同様である。電池式のAGVはモータでタイヤを回転させる。問題文によると、最初停止していたので初速度$v_0 = 0$〔m/s〕であったAGVが、速度v_1〔m/s〕になる、つまり加速するわけである。加速には物理的に時間が必要となり、これがアクセルペダルを踏んでいる時間に相当する。加速度a〔m/s^2〕は式（1.1）で示したように、加速に要した時間当たりの速度の変化で表される。

$$a[\mathrm{m/s^2}] = \frac{\text{後の速度}[\mathrm{m/s}] - \text{最初の速度}[\mathrm{m/s}]}{\text{加速に要した時間}[\mathrm{s}]} \qquad (2.28)$$

式（2.28）では、後の速度と最初の速度、加速に要した時間が既知の値であった場合、aは一定となる。速度—時間のグラフでは直線で表され、このように加速度が一定の運動を等加速度運動という。

この問題の場合、問題文には与えられてはいないが、加速に要した時間をt_{a1}〔秒〕としよう。そうすると加速度は式（2.28）より次のように表される。

$$a_1 = \frac{v_1 - v_0}{t_{a1}} \qquad (2.29)$$

また、加速している間にもAGVは進むので加速時間内での移動距離を

L_{a1}〔m〕とすると、これはどのようにして求めたらよいのだろうか。加速時間内での移動距離は次の公式がある。

$$L_{a1} = \frac{1}{2}a_1 t_{a1}{}^2 \quad (2.30)$$

問題文にある「発進して速度v_1〔m/s〕で距離L_1〔m〕走る」前に既に式（2.30）だけ進んでいることになる。さらに「その後速度v_2〔m/s〕に速度を上げて」とあるので第2回目の加速度a_2、加速時間t_{a2}、加速期間移動距離L_{a2}が必要になる。式（2.29）、式（2.30）と同じように次で表すことができる。

$$a_2 = \frac{v_2 - v_1}{t_{a2}} \quad (2.31)$$

$$L_{a2} = \frac{1}{2}a_2 t_{a2}{}^2 \quad (2.32)$$

「距離L_2〔m〕を走った後、減速してv_1〔m/s〕に戻る」というのは負の加速と考えてよい。そこで第3の加速（減速＝負の加速）度であるa_3は－（マイナス）がつくが大きさはa_2と一緒である。また減速に要した時間は問題文よりv_1〔m/s〕$\Rightarrow v_2$〔m/s〕の時間であるt_{a2}と等しいので、減速のための加速度と減速時間内に進む距離は大きさだけを考えて（絶対値として）、

$$|a_3| = \left| \frac{v_1 - v_2}{t_{a2}} \right| = a_2 \quad (2.33)$$

$$|L_{a3}| = \left| \frac{1}{2}a_2 t_{a2}{}^2 \right| = L_{a2} \quad (2.34)$$

となる。最後に「v_1〔m/s〕に戻ってL_1〔m〕走ったのちに停止」であるから同じように

$$|a_4| = \left| \frac{v_0 - v_1}{t_{a1}} \right| = a_1 \quad (2.35)$$

$$|L_{a4}| = \left| \frac{1}{2}a_4 t_{a1}{}^2 \right| = L_{a1} \quad (2.36)$$

となる。そこで速度—距離・時間のグラフは図2.10（b）のようになる。

　次に問題（2）であるが、図2.9のそもそもの間違いは、等速運動の間は力を必要としない点である。そこで動力＝力F×距離Lの式において、$F=0$となる。加速度運動の間は加速度a_1、a_2を生じさせる力

$$F_1 = ma_1 \qquad (2.37)$$

$$F_2 = ma_2 \qquad (2.38)$$

を必要とする。F_1とFを供給するためにAGVのモータは式（1.3）により、第1の加速、第2の加速時に動力

$$P_1 = F_1 \left(\frac{L_{a1}}{t_{a1}} \right) \qquad (2.39)$$

$$P_2 = F_2 \left(\frac{L_{a2}}{t_{a2}} \right) \qquad (2.40)$$

を供給することになる。また、減速のときにも式（2.39）と（2.40）と同じ動力を必要とする。そこで、動力—距離のグラフは図2.10の（a）のようになる。

　以上をまとめると、

図2.10　AGV走行問題の正答

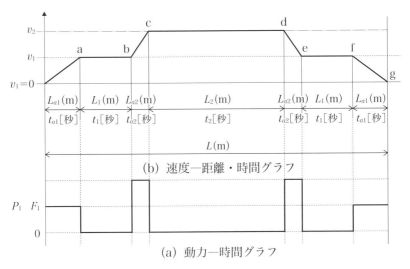

（b）速度—距離・時間グラフ

（a）動力—時間グラフ

$$v_2 = v_1 + at \qquad (2.41)$$

$$L = v_1 t + \frac{1}{2} at^2 \qquad (2.42)$$

$$v_2{}^2 - v_1{}^2 = 2aL \qquad (2.43)$$

と表される。

2.3　AGVの実際の加速条件とは

　図2.10（b）の加速度―距離・時間のグラフは例題の解答としては十分であるが、実際の運転状態を考えるともう少し突っ込みが必要である。図2.10（b）の加速度―距離・時間のグラフにおいて、0点、a点、b点、……g点の加速→定速・定速→減速に移る点が角張ってグラフが不連続になっている。

　この角においては、急発進・急停止とまではいかないが、後の章で説明する慣性力が発生してショックが生じる。そこでこの速度変化を滑らかにするためにS字制御を行う。これは、図2.8のようにグラフの加速または減速域と定速域を連結する点が不連続とならないように（角が立たないように）丸めるものである。高層階のエレベータに乗っても出発も停止もコップの水さえ揺れることがないと言われるのは、このS字制御を細やかに行っているためである。

　変化部分の時間経過を$0 < t < 1$とし、最小から最大までの速度を$0 < v < 1$として、次の式で近似する。

$$v = 0.5 - 0.5\cos(t\pi) \qquad (2.44)$$

または、S字のカーブの上半分と下半分で分割して

$$\left. \begin{array}{l} v = t^2 \quad (t < 0.5) \\ v = 1 - (1-t)^2 \quad (t \geq 0.5) \end{array} \right\} \quad (2.45)$$

3次曲線で一括してS字をつくる

$$v = -2t^3 + 1.5t + 0.5 \qquad (2.46)$$

方法などが紹介されている。

図2.11　加速度のS字制御

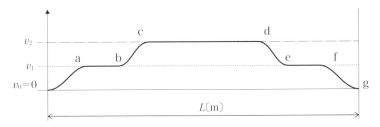

2.4　例題と演習問題

【例題1】

　x軸上を運動する物体を考える。

　原点0から初速度6.0m/s、加速度2.0m/s^{2}で出発した。

① 出発してから3.0秒後の物体の速度を求めよ。

② 出発してから3.0秒後の物体の位置を求めよ。

　x軸上を正の方向に進んでいるということは問題に書いていないが、加速度が正の値で与えられているので、正の方向に進んでいると判断する。

　「原点での初速度が6.0m/s」なので斜面を球がころがる場合で、原点の手前から転がっていたか、（観測は原点から）力を加えて初速度をつけてころがり始めたかをイメージする。加速度がプラスなので、時間が立てば速度が増すと判断する。

　1秒間に2.0m/s速度が増え、3秒間では2.0×3＝6.0m/s速度は増える。

　よって、

① この物体の3秒後の速度は、初速度に増えた速度を加えて、

　　　$v = 6.0 + 6.0 = 12.0$m/s

② これを公式

　　　$v = v_0 + at$

　を使うと、

　初速度 $v_0 = 6.0$

　加速度 $a = 2.0$

時間（時刻）$t = 3$

より

$\quad v = 6.0 + 2.0 \times 3 = 6.0 + 6.0 = 12.0\text{m/s}$

と求まる。

【例題2】

　自動車が10m/sで直線運動している。ブレーキをかけて止まるまで5.0m動いたとき、この自動車の加速度の大きさを求めよ。

　問題に与えられているのは、

初速度 $v_0 = 10\text{m/s}$、移動距離（変位）$x = 5.0\text{m}$

だけである。

　求めるのは加速度の大きさなので、式（2.43）

$\quad 2ax = v^2 - v_0{}^2$

を使う。題意より、止まったときの自動車の速度は $v = 0$ であることに注意して（ブレーキをかける前の速度が初速度 v_0 である）、

$\quad 2a \times 5.0 = 0^2 - 10^2 \Rightarrow 10a = -100$

よって $a = -10\text{m/s}$ となる。

　負号は進行方向に対してマイナスの加速度であり、減速を表している。

【演習問題】

　以下の各設問に解答しなさい。

① 初速度10m/s、加速度5.0m/s^{2}で運動している物体の、時刻7.0sのときの速度はいくらになるか。

② 加速度8.0m/s^{2}で運動している物体が時刻4.0sのとき、速度38m/sになっていた。この物体の初速度はいくらか。

③ 初速度10m/s、加速度6.0m/s^{2}で運動している物体が、時間3.0sで進む距離はいくらか。

④ 初速度5.0m/s　加速度 a〔m/s^2〕で運動している物体が、時間4.0sで84m進んだときの a の値を求めよ。

⑤ 初速度10m/s、加速度6.0m/s²で運動している物体が、57m進んだ
　　ときの速度vはいくらか（$v > 0$とする）。

【解答と解説】

① $v_0 = 10$、$a = 5.0$、$t = 7.0$と考えればよいので、これを式（2.41）に代入
　　して、

　　$v = 10 + 5.0 \times 7.0 = 45$

　　求める速度は45m/s

② $v = 38$、$a = 8.0$、$t = 4.0$と考えればよいので、これを式（2.41）に代入
　　して、

　　$38 = v_0 + 8.0 \times 4.0 = v_0 + 32$

　　$v_0 = 38 - 32 = 6.0$

　　求める初速度は6.0m/s

③ $v_0 = 10$、$a = 6.0$、$t = 3.0$を式（2.42）に代入して、

　　$L = 10 \times 3.0 + 0.5 \times 6.0 \times 3.0^2 = 57$

　　より 57m

④ $L = 84$、$v_0 = 5.0$、$t = 4.0$を式（2.42）に代入して、

　　$84 = 5.0 \times 4.0 + 0.5 \times a \times 4.0^2 = 20 + 8.0a$

　　これより、$a = 8.0 \text{m/s}^2$

⑤ $v_0 = 10$、$a = 6.0$、$L = 57$を式（2.43）に代入して、

　　$v^2 - 10^2 = 2 \times 6.0 \times 57 = 684$

　　$v^2 = 684 + 100 = 784$

　　$v > 0$より、$v = \sqrt{784} = 28$

　　28m/sとなる。

3 | 失敗の原因となる慣性と慣性力

3.1 物体の動きを阻止しようとする3要素（質量、加速度、慣性）

さて、力とは「物体の状態を変化させるもの」であり、その3要素は「**大きさ、方向、作用点**」であった。ここまでで、力の正体が直感的に理解できただろう。つまり、力は3要素を通じて物体の状態を変化させる。蹴られたサッカーボールのように状態変化として飛んだり、転がったり、力はモノの動きを活発にするメジャーな感じがある。

一方、力にはモノの動こうとする足を引っ張るような、抵抗としてのマイナーな役割もある。この代表例が慣性力である。まず、慣性の法則というものがあり、これは「外から力が作用しなければ、物体は静止または等速度運動を続ける」というものである。当たり前のようではあるが、不思議な現象の原因となる。

図2.12のように電車がレール上を走っており、車内の床にキャリーバッグが置かれているとしよう。図（a）のように電車が一定速度で走っているときは、床上のキャリーバッグも当然電車と一緒に同じ速度で動いている。キャリーバッグには外力は加わっていないので、その運動は慣性の法則に従っている。

ところが、電車が何かに衝突して急停車（一定速度vがいきなり速度0）したとすると、電車の床は停止する。しかしキャリーバッグには力が加わっていないので、慣性の法則に従って電車の速度vで動き続け、停止した車体を飛び出す可能性もある。

一方、電車が駅に近づいて徐々に減速する（負の加速度を加える）と、キャリーバッグはどのような運動をするだろう。キャリーバッグには何も力が加わっていないので、電車が減速する前の速度を、慣性の法則に従って維持しようとする。同時にキャリーバッグは床上にあるので、負の加速度が作用する。加速度が作用すれば第I章で学んだように力が生じ、力の3要素のうち、その大きさは加速度α×キャリーバッグの質量mとなる。つまり慣性力Fは、

図2.12　加速度による慣性力

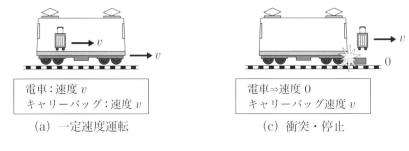

電車：速度 v キャリーバッグ：速度 v	電車⇒速度 0 キャリーバッグ速度 v
（a）一定速度運転	（c）衝突・停止

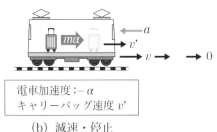

電車加速度：－ α
キャリーバッグ速度 v'

（b）減速・停止

$$F = ma \qquad (2.47)$$

で表されるものである。

　そして、慣性力の作用点はキャリーバッグの重心位置となる。

　それでは、方向はどうだろうか。これがポイントである。電車が減速して停止をしようとするが、キャリーバッグに外力が加わっていない以上、これは慣性の法則に矛盾する。そこでこのときキャリーバッグには加速度による力が発生するが、あくまで慣性の法則を継続させようとする方向に作用する。言い換えれば、電車の減速に逆らう方向の力が作用する。

　この力を「慣性力」という。つまり、慣性力とは、今まで静止していた物体を動かす、あるいは一定速度で動いていた物体の速度を変えようとするときに、その動きを阻止するような方向に働く力である。

　次に、駅で停車をしていた電車が発車後に加速していく場合には、キャリーバッグに働く慣性力は、電車の進行方向とは逆向きに働く。簡単に言えば、**慣性力とは「物体が動こうとしたり、止まろうとするのを妨げようとする力」である**と言え、その要素は加速度、質量、慣性の3つである。

3.2 見落としがちな慣性力

慣性力は、ふだんの生活では至るところで感じるわりには、故意に作用させる力ではないために、見過ごすことが多い。次の問題に解答できるだろうか。

【問題】

図のように、天井に固定した滑車を通して地面に置いてある荷物を、ロープを引いて2秒間で高さ1mまで持ち上げ、その後$v=0.5$m/sの一定速度で荷物を引き上げたい。荷物の重さを800N、ロープの重さと滑車の摩擦は無視できるものとして、以下の問に解答しなさい。

図2.13　滑車を介して荷物を持ち上げる（1）

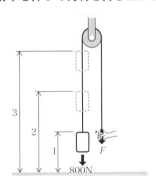

(1) 地面から1mの高さで、この荷物を停止させたままで保持したい。ロープに加える力F_1〔N〕はいくらか。

(2) 次に、地面から1mの高さにあるこの荷物を、地面から2mの高さにまで持ち上げたい。この間に要する時間は2秒とし、高さ2mの地点では荷物の持ち上げ速度を$v=0.5$m/sにしたい。ロープに加えるF_2〔N〕力はいくらか。

(3) 次に、地面から2mの高さにあるこの荷物を、さらに1mだけ$v=0.5$m/sの速度で引きあげたい。ロープに加える力F_3〔N〕はいくらか。

【解説】

　問題（1）は力の釣り合い、（2）は等加速度運動、（3）は等速運動の問題である。

（1）荷物は静止をしているので、図2.14のように荷物の重さをwとロープを引く力F_1は釣り合う。よって

　　　$F_1 = w = 800$〔N〕

　となる。

（2）荷物は最初静止をしているので、荷物の初速度$v_1 = 0$である。これが1m引張り上げたときに$v_2 = 0.5$m/sとなっているので、そこで加速度$a = (v_2 - v_1)/t = (0.5 - 0)/2 = 0.25$m/s^{2}を生じる。この加速度を生み出すために必要な力が慣性力Fで、荷物の質量をmとすると、

　　　$F = ma$

　となる。

　　ここでmは重力加速度$g = 9.8$〔m/s^2〕とすると、$m = w/g = 800/9.8 = 81.63$kgである。そこで慣性力は、

　　　$F = m\alpha = 81.63 \times 0.25 = 20.41$Nとなる。

　　図2.15のように、静止していた荷物を引き上げようとすると、この慣性力分だけ余分に力を必要となるため、ロープを引き上げるために必要な力F_2は、

<table>
<tr><td style="text-align:center">図2.14</td><td style="text-align:center">図2.15</td></tr>
<tr><td style="text-align:center">滑車を介して荷物を持ち上げる（2）</td><td style="text-align:center">滑車を介して荷物を持ち上げる（3）</td></tr>
</table>

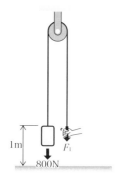

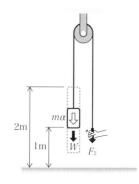

$$F_2 = W + F = W + m\alpha$$
$$= 800 + 20.41 = 820.41\text{N}$$

となる。

(3) 荷物を等速$v_2 = 0.5\text{m/s}$で引き上げるので、荷物の状態を変化させる力は要しない。つまり慣性の法則によって

$$F_3 = W = 800\text{N}\text{となる。}$$

いかがであろうか。直感的には（2）は800N、（3）は800N + αと解答したくなるような問題である。本例題では人力で荷物を持ち上げたが、もしモータで巻き上げる場合を考えると、引上げ力が800Nしか出せないモータを選定すると設計ミスとなる。

この問題は直線運動のみを考えたが、実際には滑車のように回転要素も加わっており、回転に関する慣性についても考慮する必要がある。

3.3 回転運動の慣性力

自転車に乗るとき、漕ぎはじめにはペダルをしっかりと踏みしめて力を入れることが必要であるが、車輪が回り始めるとラクになる。また、ドラム缶のように重くて丸い物体をころがし始めるとき、最初は大きな力が必要であるが、いったんころがり始めるとラクに転がすことができる。

しかし、今度は止めようとすると、また大きな力を加えなければならない。この「転がすとき、止めるときに大きな力が必要」なのは、回転するモノが転がされようとすることに逆らうからであり、その正体は「**物体が動こうとしたり、止まろうとするのを妨げようとする力**」である慣性力にほかならない。

物体の直線運動であれば、その物体に作用する慣性力Fは式（2.47）のように、質量mと加速度aで表される。しかし、物体が回転運動する場合には、力Fは回転力となる必要がある。回転力とは、回転体の接線に作用する接線力と回転半径rをかけたもので、トルクTと呼ばれる。

そして回転体の場合には、慣性力に対応して慣性トルクと呼ぶ。また直線運動の場合には、速度は距離Lを所用時間tで除したもので、時間当たりどの位の長さを進むものかを示すものであった。

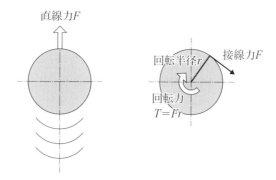

図2.16　慣性力

$$v = \frac{L}{t}$$

であり、加速度は

$$a = \frac{v_2 - v_1}{t}$$

であったが、回転運動の場合、速度の代わりに角速度を用いる。

　角速度とは、距離の代わりに回転角度を考え、時間当たりどの程度の角度を進むものかを示すもので、

$$\omega = \frac{\theta}{t} \qquad (2.48)$$

で与えられる。そして回転運動では加速度の代わりに次の角加速度 $\dot{\omega}$

$$\dot{\omega} = \frac{\omega_2 - \omega_1}{t} \qquad (2.49)$$

を用いる。そして慣性トルクは次のように表される。

$$T = I\dot{\omega} \qquad (2.50)$$

　式（2.50）の I は慣性モーメントと呼ばれるものであるが、その正体は何だろう。ここで式（2.47）と式（2.50）を比べてみると、表2.2のようになる。

　そこで、式（2.50）の I は、式（2.47）の質量 m に相当する回転運動の物理量を表すことがわかる。慣性力あるいは慣性トルクは、**物体が動こ**

表2.2　直線運動と回転運動の関係

	運動	力	質量	加速度
式（2.47）	直線運動	慣性力 F〔N〕	慣性質量 m〔kg〕	加速度 a〔m/s²〕
式（2.50）	回転運動	慣性トルク T〔Nm〕	慣性モーメント I〔kgm²〕	角加速度 $\dot{\omega}$〔rad/s²〕

う、**止まろうとするのを妨げようとする力**であり、加速度や角加速度は物体の状態変化を表すものであるとすれば、質量や慣性モーメントの正体が見えてくる。すなわち、それらは「**物体の動き難さ・物体の止め難さ**」そのものである。

ここで私たちが昔から知っている質量の本性が明らかになる。すなわち、質量〔kg〕とは物体を持ち上げたり、動かそうとしたときに私たちが感じる動かし難さ（抵抗）であり、このことから慣性質量とも呼ばれる。

慣性モーメントの大きさは形状と回転中心によって決まり、もっとも一般的な場合として、図2.17を示す。

図の中心軸の周りを直径D〔m〕で円運動する質量m〔kg〕の物体の慣性モーメントは、

$$I = \frac{mD^2}{4}\,[\text{kgm}^2] \qquad (2.51)$$

また、図の中心軸の周りを回転する直径D〔m〕の円板または円柱の慣性モーメントは、

$$I = \frac{mD^2}{8}\,[\text{kgm}^2] \qquad (2.52)$$

である。式（2.52）から慣性モーメントは円板の厚みや円柱の高さによらないことは注目すべきことである。つまり、回転のし難さはその質量と直径により決まってしまう。つまり、質量と直径が同じであれば、薄い円板も高さの高い円柱もころがし始める苦労は一緒ということになる。

<figure>図2.17　物体の慣性モーメント</figure>

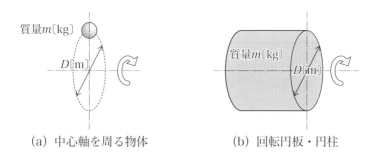

質量m〔kg〕

D〔m〕

質量m〔kg〕

D〔m〕

(a) 中心軸を周る物体　　　　(b) 回転円板・円柱

3.4　例題と演習問題（巻上げ機の必要動力を求める）

　生産現場で搬送と荷役は、業務全体でかなりの時間的割合を占める重要な基礎役務である。とくに重機やホイストの巻上げ動力（容量）の大きさは、その工場の能力や規模を示すほどの重要な性能である。そこで、市販の重機やホイストを購入するにしろ、設計するにしろ、巻上げ動力の計算とモータの選定はとくに慎重を要するが、失敗しやすい問題の典型でもある。以下の例題について考えてみよう。

【例題】

　図2.18に示すような巻上げ機を使って重さ$w = 1200$Nの荷物を持ち上げたい。荷物は最初地上に静止（このときロープのたるみはないものとする）しており、持ち上げ始めて2秒後に速度$v = 10$m/sにし、その後は一定速度$v = 10$m/sで持ち上げる。巻取りドラムは直径$D = 50$cm、重量$M = 80$Nで、その回転軸は巻上げ用モータの軸と直結している。巻上げ用モータの回転数$N = 20$r/sである。

　ロープの重さは無視できるものとして、巻上げ用モータに必要な動力を求めなさい。

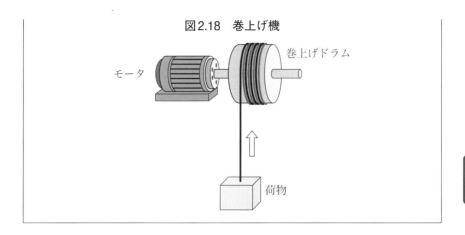

図2.18　巻上げ機

モータ

巻上げドラム

荷物

まず、動力の式は度々登場するが、基本は式（2.5）

$$P = F\left(\frac{L}{t}\right) = Fv \ [\mathrm{W}]$$

である。本問題は回転ドラムであるので、式（2.5）を回転力（トルク）T を用いた式に書き直す。まず、本問題の場合、巻上げドラム外周速度であるので、ドラム直径を D〔m〕、回転数を N〔回転/s〕とすると、

$$v = \pi DN \ [m/s] \qquad (2.53)$$

これを式（2.5）に代入して

$$P = Fv = F\pi DN \qquad (2.54)$$

少々数式のテクニックを使って、式（2.54）の右辺に2を掛けておいて2で割る。

$$P = 2\frac{1}{2}F\pi DN \qquad (2.55)$$

これを整理すると、

$$P = 2\left(\frac{1}{2}DF\right)\pi N \qquad (2.56)$$

上の式で（　）内はドラムの半径×力＝トルクになることから、

$$P = 2(rF)\pi N = 2T\pi N = 2\pi NT \qquad (2.57)$$

この式（2.57）においてドラムの回転数 N は既知であるから、T を求めることになる。これが勝負である。まず、注意しなければならないのは、

荷物が等速運動する場合に必要なトルクと静止状態から起動（加速）する場合のトルクの2種類を考える必要がある。

（1）等速運動時のトルク

等速運動時にモータの必要とされるトルクは、

① 荷物を吊るトルク T_1

② 巻上げドラムを回すトルク T_2

である。T_1 は荷物の重量 w × 巻上げドラムの半径 $\dfrac{D}{2}$ となる。そこで、

$$T_1 = w\,\frac{D}{2} \qquad (2.58)$$

次に巻上げドラム自身を回転させるトルク T_2 であるが、問題文より「軸と軸受間の摩擦は無視できる」とあるので、等速回転運動のときにはドラムを回転させるためのトルクは0である。すなわち、

$$T_2 = 0 \qquad (2.59)$$

である。

（2）等加速度運動時のトルク

等加速度運動時のトルクはポイントであり、これには3つあるので注意が必要である。

① ロープで引き上げられる荷物の直線運動で生じる慣性力によるトルク T_3

② 吊り荷を巻上げドラムが回転させるために発生する慣性モーメントによるトルク T_4 である。これはわかり難いが、巻上げドラムにはその円周上に吊り荷があるような負荷がかかる。つまり、巻上げドラムの中心軸に対して荷物の重さの物体が回転することに相当し、図2.17（b）に相当する

③ 巻上げドラム自身の回転開始時に生じる慣性モーメントによるトルク T_5

以上のトルクについて計算する。

① ロープで引き上げられる荷物の直線運動で生じる慣性力によるトルク

T_3

　慣性力Fは荷物の質量m×加速度aで計算される。そこで、慣性力FによるトルクT_3は、慣性力F×巻上げドラムの半径$\dfrac{D}{2}$となるので、

$$T_3 = mar = ma\dfrac{D}{2} \qquad (2.60)$$

となる。式（2.60）において、荷物の質量mは荷物の重さw÷重力加速度gであるので、

$$m = \dfrac{w}{g} \qquad (2.61)$$

　また、加速度aは初速度$v_1 = 0$が$t = 2$秒後に$v_2 = 10\mathrm{m/s}$となるので、

$$a = \dfrac{v_2 - v_1}{t}$$

で計算できる。

　よってT_3は、

$$T_3 = \dfrac{w}{g}\dfrac{v_2 - v_1}{t}\dfrac{D}{2} \qquad (2.62)$$

② 吊り荷を巻上げドラムが回転させるために発生する慣性モーメントI_1によるトルクT_4

　式（2.50）より、

$$T_4 = I_1\dot{\omega}$$

　図2.17における球体は本問題の場合には荷物となるので、式（2.51）より

$$I_1 = \dfrac{mD^2}{4}\ [\mathrm{kgm^2}] \qquad (2.63)$$

　mは式（2.61）より、

$$m = \dfrac{w}{g}$$

である。また、吊り上げ速度v〔m/s〕で巻き上げるときのドラムの角速度ω_2は、

$$v = \frac{D}{2}\omega_2 \quad \text{より、}$$

$$\omega_2 = \frac{2v}{D} \, [\text{rad/s}] = \frac{2 \times 10}{0.5} = 40 \text{rad/s}$$

となる。荷物は地上に静止時の角速度$\omega_1 = 0$であるから、角加速度は、

$$\dot{\omega} = \frac{\omega_2 - \omega_1}{t} = \frac{\omega_2}{t} \, [\text{rad/s}^2]$$

よってT_4は、

$$T_4 = \frac{w}{g} \frac{D^2}{4} \frac{\omega_2 - \omega_1}{t} \qquad (2.64)$$

③ 巻上げドラム自身の回転開始時に生じる慣性モーメントによるトルク T_5

慣性モーメントによるトルクT_5は巻上げドラムの慣性モーメント$I_2 \times$巻上げドラムの回転角加速度$\dot{\omega}$であるので、

$$T_5 = I_2 \dot{\omega}$$

である。また、吊り上げ速度v〔m/s〕で巻上げるときのドラムの角速度ω_2は、

$$v = \frac{D}{2}\omega_2 \text{より}$$

$$\omega_2 = \frac{2v}{D} = 40 \text{rad/s}$$

となる。荷物は地上に静止時の角速度$\omega_1 = 0$であるから、角加速度は、

$$\dot{\omega} = \frac{\omega_2 - \omega_1}{t} \, [\text{rad/s}^2]$$

である。

次に、巻上げドラムの慣性モーメントは円柱形であるので、式（2.52）より、

$$I_2 = \frac{mD^2}{8} \, [\text{kgm}^2] \qquad (2.65)$$

式（2.61）において、

$$m = \frac{M}{g}$$

よって T_5 は、

$$T_5 = I_2 \dot{\omega} = \frac{M}{g} \frac{D^2}{8} \frac{\omega_2 - \omega_1}{t} \qquad (2.66)$$

である。そこで巻上げに必要な総トルク T〔Nm〕は、

$$T = T_1 + T_2 + T_3 + T_4 + T_5 \qquad (2.67)$$

となる。式（2.67）に式（2.58）、（2.59）、（2.60）、（2.64）、（2.66）を代入すると、

$$T = w\frac{D}{2} + 0 + \frac{w}{g} \frac{(v_2 - v_1)}{t} \frac{D}{2} + \frac{w}{g} \frac{D^2}{4} \frac{(\omega_2 - \omega_1)}{t} + \frac{M}{g} \frac{D^2}{8} \frac{(\omega_2 - \omega_1)}{t}$$

$$= w\frac{D}{2}\left\{1 + \frac{v_2 - v_1}{gt} + \frac{D(\omega_2 - \omega_1)}{2gt} + \frac{M}{w}\frac{D(\omega_2 - \omega_1)}{4gt}\right\}$$

$$= w\frac{D}{2}\left\{1 + \frac{v_2 - v_1}{gt} + \frac{D(\omega_2 - \omega_1)}{2gt}\left(1 + \frac{M}{2w}\right)\right\} \qquad (2.68)$$

となる。式（2.68）を（2.57）に代入すると、

$$P = 2\pi NT = 2\pi Nw\frac{D}{2}\left\{1 + \frac{v_2 - v_1}{gt} + \frac{D(\omega_2 - \omega_1)}{2gt}\left(1 + \frac{M}{2w}\right)\right\} \qquad (2.69)$$

が得られる。式（2.69）に問題の数値を代入して

$$= 2\pi \times 20 \times 1200 \times \frac{0.5}{2}\left\{1 + \frac{10}{9.8 \times 2} + \frac{0.5 \times 40}{2 \times 9.8 \times 2}\left(1 + \frac{80}{2 \times 1200}\right)\right\}$$

$$= 76808.73\mathrm{W} \fallingdotseq 76.8\mathrm{kW}$$

となる。

4 | 品質を阻害する振動

4.1　車軸に見る振動3要素（振動数、振幅、周期）

　潤滑管理とメンテナンスのポータルサイト「ジュンツウネット21」の調査によると、回転機械について関心のある故障モードは図2.19のよう

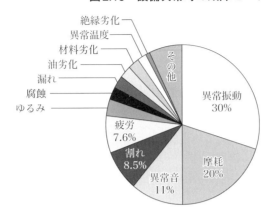

図2.19　設備異常時の故障モード[1]

になっている。関心度がもっとも高いのが「異常振動」で、全体の30%にもなっており、関連の深い「異常音」を含めると50%近くにもなる。ついで多いのが「摩耗」の20%で、「割れ」「疲労」と続いている。

　なかでも振動問題は、すべての保全職場に共通の悩みであり、原因調査や対処が簡単ではない。また、振動分析は専門の職員や機器に任せる向きもあるが、保全技術者の心得として振動の基礎は押さえておきたい。そこでここでは、振動の基礎と診断について知識を新たにしてみたい。

　振動は、ある部分の往復運動（波打ち現象）として手に感じることができる。振動には起爆剤となる加振力 F〔N〕が必ず存在し、力が存在する以上、ニュートンの法則によって振動加速度 a〔m/s²〕が発生している。また加速度がある以上、振動の速度 v〔m/s〕も必ず存在する。また、振動体は質量 m〔kg〕とバネのような弾性定数[2] k〔N/m〕を持っており、F によって δ〔m〕変位する（たわむ）（たわみ量は本来微小で〔mm〕単位がふさわしいが、SI単位系での計算がわかりやすいように、ここでは〔m〕を使う）ことが、振動を続けるための条件となる。

　以上をニュートンの v 運動の法則で表すと次の式（2.70）となる。

$$F = ma = -k\delta \qquad (2.70)$$

振動現象とは、式（1）において振動体の変位量 δ〔m〕が時間によって刻々と値を変える現象であるので、δ は $\delta(t)$（δ は t の関数）という表現

をする。またδが時々刻々変わるならば、振動体の速度や加速度も$v(t)$、$a(t)$となる。

式（2.70）より、

$$ma + k\delta = 0 \qquad (2.71)$$

式（2.71）において、aは$\delta(t)$をtに関して2回微分したもので$a = \dfrac{d^2\delta}{dt^2}$と表されることから

$$m\frac{d^2\delta}{dt^2} + k\delta = 0 \qquad (2.72)$$

式（2.72）において$\omega = \sqrt{\dfrac{k}{m}}$とおいてδについて解くと次の式になる。

$$\delta(t) = A\sin(\omega t + \phi) \qquad (2.73)$$

の表現となる。式（2.73）は正弦波と呼ばれる波形を表す式で、式（2.70）によって表された振動体の動きをスクリーンに投影した形となっている。

また、式（2.73）は図2.20（c）のように半径Aで円運動をする質量mの錘の動きをスクリーンに投影した波形でもあり、変位xは縦軸に示される。式（2.73）において、Aは振動の振幅、ωは角速度〔rad/s〕、ϕは初期位相である。ωの角速度というのは図2.20（c）における錘が毎秒回転する角度（ただし角度の単位はrad*）で、初位相とは錘のスタート位置の角度のことである。

> ＊角度の表し方には2通りある。たとえば、直角は90°と$\dfrac{\pi}{2} \fallingdotseq 1.57$のことであり、後者がrad表示である。

ここで振動の3要素として、振動数、振幅、周期がある。図2.21におい

図2.20　振動3態

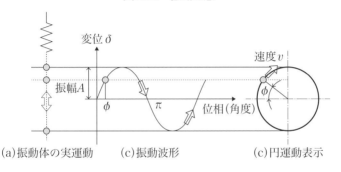

(a)振動体の実運動　　(c)振動波形　　　　(c)円運動表示

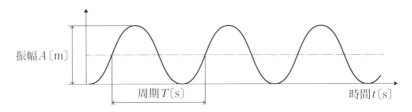

図2.21　振動波形

て振動数 f〔Hz〕は周波数ともいい、

$$f = \frac{振動回数}{振動時間}〔回/s〕= 〔Hz〕 \quad (2.74)$$

で表す。

　振幅は正弦波の山（または谷）の高さ（深さ）である。

　また、周期 T〔s〕は振動の1つの波の開始から終了までの時間のことであり、振動数の逆数になる。つまり、

$$T = \frac{1}{f}〔s〕 \quad (2.75)$$

と表せる。

4.2　不釣り合いと強制振動

　振動の種類には、自由振動、強制振動、自励振動の3つがある。

　自由振動とは、最初に振動を与えると、あとは勝手に（自由に）振動するもので、もし、空気抵抗や摩擦などがなければ、永遠に同じ波形が繰り返される。振動の基礎を学ぶときに用いられる「見本」であり、前章の波形の振動がこれにあたる。

　強制振動とは、何らかの力で無理やり（強制的に）揺さぶり続けるもので、電気洗濯機の脱水層のような回転振動が代表例である。自励振動とは、与えているのはある一定の力だが、その一定の力がいつの間にか振動的な力に変化させられ、成長していく不思議な振動で、バイオリンの弓で弦をこすり、弦が振動することで音が発生する現象がそれにあたる。

　仕事上で問題になるのは強制振動と自励振動である。まず、実務上問題

となることが多い回転機械の振動は、強制振動と自励振動である。強制振動の特徴は「外力の周波数と振動の周波数が一致する」という点で、回転機械の場合の代表的な**加振力**は、歯車やプーリなどの回転体の質量不釣り合いや軸の曲がりによる「不釣り合い力」、歯車の「噛み合い力」、ファンやポンプなどの羽根に流体が複雑に作用するために生じる「流体力」などがある。

　強制振動で問題となることが多いのは「共振」で、ロータの曲げ振動の最低次の固有振動数（ロータに特有の振動数）に一致する回転数は「主危険速度」と呼ばれ、不釣り合い力と共振を起こす。身近な例では、家庭用のドラム式洗濯機で回転のし始めにガタガタと揺れる現象である。遠心脱水時のドラムの回転速度は800～1000rpm程度であり、危険速度はドラム径などにより異なるものの、200～300rpm程度である。そのため、遠心脱水の立上げ時にドラムの回転速度を徐々に上昇させていくとき、危険速度を通過するまでは外槽が大きく振動して騒音が発生する。

　対策としては、外部からの減衰の付加や素早く通過することで、危険速度通過時の振幅を低下させることができる。もちろん、不釣り合いなどによる外力の大きさを小さくすることで危険速度通過時の振幅を低減でき、かつすべての回転数域で振動の振幅を低減することができる。ロータの剛性に異方性がある場合は、主危険速度の1/2の回転数で共振が発生する。

図2.22　危険速度と2次危険速度

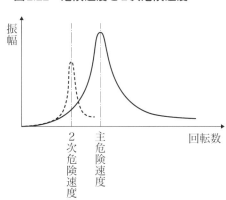

これは回転数の2倍の周波数の外力が加わるためで、「二次的危険速度」と呼ばれる（図2.22参照）。また、ロータの曲げ振動だけでなく、翼の曲げ振動との共振も起こり得る。

　不釣り合い振動について、図2.23をもとに説明する。この図は軸に歯車のような回転体を取り付けて回転している状態を示している。アンバランスは、回転軸の周りの回転体の質量が一様に分布していないことによって、回転時の各質量に働く遠心力が、全体として釣り合わずに発生する振動現象である。回転体の減肉、摩耗、スケールの不均一な付着、軸の曲がりや偏心によってアンバランスは生じる。

　回転体の質量が均一に分布していないと、その回転体の重心は回転軸から偏心する。その結果、回転体には遠心力が発生する。

　回転中心から距離rにある角速度ω〔rad/s〕で回転する質量m〔kg〕の質点に作用する遠心力F〔N〕は、

$$F = mr\omega^2 \qquad (2.76)$$

そこで、図2.23においてはアンバランスの質量m〔kg〕、偏心量ε〔m〕、回転数N〔r/s〕、回転角速度ω〔rad/s〕、軸のたわみ量x〔m〕であるから、次のように表せる。

$$F = (\varepsilon + x)m(2\pi N)^2 = (\varepsilon + x)m\omega^2 \qquad (2.77)$$

　また、軸はxだけ弾性変形することで、軸にはばね作用による復元力が生じ、

$$F = kx \qquad (2.78)$$

となる。遠心力（2.77）と復元力（2.78）は釣り合うことより、

図2.23　不釣り合い振動

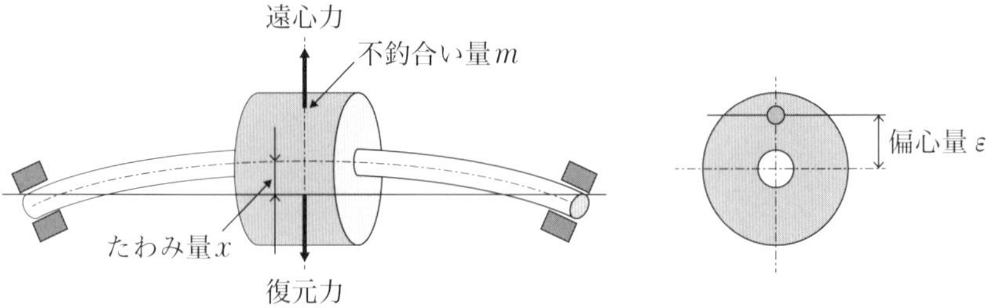

遠心力

不釣合い量m

たわみ量x

復元力

偏心量ε

$$kx = (\varepsilon + x)m\omega^2 \qquad (2.79)$$

式（2.79）をたわみ量xについて解くと、

$$x = \frac{\varepsilon\omega^2}{\dfrac{k}{m} - \omega^2} \qquad (2.80)$$

式（2.80）において、ばねの振動における振動の固有角振動数は、

$$\omega_n = \sqrt{\frac{k}{m}}$$

であったので、これを式（2.80）に代入して、

$$x = \frac{\varepsilon\omega^2}{\omega_n{}^2 - \omega^2} = \frac{\varepsilon(\omega/\omega_n)^2}{1 - (\omega/\omega_n)^2} \qquad (2.81)$$

となる。縦軸にたわみ量xを、横軸に回転体の角速度と固有振動数の比（ω/ω_n）をとって式（2.81）をグラフに表すと、図2.24のとおりとなる。

図2.24の曲線は独特の形をしていることがわかる。ω/ω_nが1.0に近づくと、たわみ量xは無限大に発散する。つまり$\omega/\omega_n \doteqdot 1$で危険速度になる。

また、低い回転数$\omega < 0.5\omega_n$がでは軸のたわみ量は遠心力$\varepsilon m\omega^2$にほぼ比例する。それは式（2.78）で$xm\omega^2$の項がまだ非常に小さいからである。そして、

$$\omega = \sqrt{\frac{1}{2}}\,\omega_n$$

つまり

図2.24　不釣り合い振動の危険速度

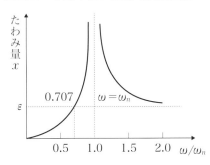

$$\omega/\omega_n = \sqrt{\frac{1}{2}} = 0.707$$

のとき軸のたわみ量は偏心量 ε の大きさに等しくなる。

この遠心力は回転体上で向きが一定であるので、回転軸の回転に従って軸受には1回転に1回ずつ、$-F$ から $+F$ までの力が伝達され、軸受の剛性が低い場合には軸受は振動する。

そこでアンバランス振動が観測される軸受では、その振動数は軸の回転の周波数 N 〔r/s〕 $= N$ 〔Hz〕に等しい。そして振動方向はラジアル方向（軸に直角な方向）になる。

4.3　ころがり軸受の力学

ころがり軸受はもっとも汎用的に使用される機械要素であるが、その動きや異常については、意外に知られていない。

図2.25のような単列深溝玉軸受（ボールベアリング）は、ホームセンターでも購入できるベアリングの代表選手である。産業用の機械には必ず使用されているだけに、損傷の早期発見と交換はメンテナンスの要である。

ころがり軸受のもっとも汎用的な使い方は、軸受の内輪を軸に、外輪をケーシングに固定する（これを「内輪回転荷重」という）。軸の回転と同

図2.25　ころがり軸受（単列深溝玉軸受）

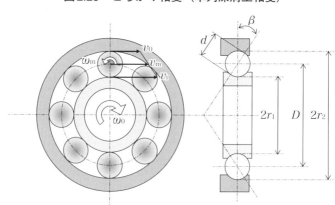

図2.26 転動体と軌道輪の相対運動

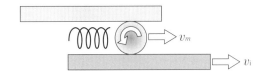

期して内輪が回転し、それに伴って転動体（ここでは玉（ボール））が自転しながら内輪の回転方向と同じ方向に公転する。外輪はケーシングに固定されていないので回転しない。

以下速度や周波数を表す記号の添え字については、公転に関するものは m、内輪に関するものは i、外輪に関するものには o を付ける。

玉の公転速度を v_m、内輪の回転周速度を v_i とすると、

玉が滑らずころがるためには、

$$v_m = \frac{1}{2}(v_i + v_0) \qquad (2.82)$$

また、内輪の回転周速度を v_i は、

$$v_i = r_1\omega_i \qquad (2.83)$$

$$\omega_i = 2\pi N_i \qquad (2.84)$$

式（2.84）において、N は軸及び内輪の回転数 N〔r/s〕であるが、ここでは振動を扱うので振動の表現に従って、回転数 N_i〔r/s〕＝回転周波数 f_i〔Hz〕と表現する。このようにして式（2.84）を式（2.83）に代入すると、

$$v_i = r_1 2\pi N_i = r_1 2\pi f_i = 2 r_1 \pi f_i \qquad (2.85)$$

ここで図2.26の幾何学関係より、

$$r_1 \fallingdotseq \frac{D}{2} - \frac{d}{2}\cos\beta \qquad (2.86)$$

式（2.86）を式（2.85）に代入して、

$$v_i = 2 r_1 \pi f_i = 2\left(\frac{D}{2} - \frac{d}{2}\cos\beta\right)\pi f_i$$

$$= (D - d\cos\beta)\pi f_i = \pi D f_i\left(1 - \frac{d}{D}\cos\beta\right) \qquad (2.87)$$

となる。同様に外輪の回転周速度 v_o は、

$$v_o = \pi D f_0 \left(1 + \frac{d}{D} \cos\beta \right) \qquad (2.88)$$

となる。

$$v_m = \frac{1}{2} D \omega_m = \pi D f_m \qquad (2.89)$$

式（2.87）、（2.88）、（2.89）を式（2.82）に代入すると、

$$f_m = \frac{1}{2} \left\{ f_i \left(1 - \frac{d}{D} \cos\beta \right) + f_o \left(1 + \frac{d}{D} \cos\beta \right) \right\} \qquad (2.90)$$

が得られる。これは玉の公転周波数である。

　内輪の1ヵ所にある傷に玉が当たる周波数 f_{iz} は、玉の公転周波数と内輪の回転周波数の相対速度になるので、

$$f_{iz} = f_i - f_m = \frac{1}{2} \left(f_i - f_o \right) \left(1 + \frac{d}{D} \cos\beta \right) \qquad (2.91)$$

同様に外輪の1ヵ所の傷が玉にあたる周波数 f_{oz} は、

$$f_{oz} = f_o - f_m = \frac{1}{2} \left(f_o - f_i \right) \left(1 - \frac{d}{D} \cos\beta \right) \qquad (2.92)$$

　ころがり軸受の一般的な使い方は、「内輪回転荷重」であるので、式（2.91）、（2.92）において $f_0 = 0$ となる。また、式（2.91）、（2.92）は玉の数が1個として計算したが、球数が Z 個である。そこで、実際に内輪回転荷重のときに内輪または外輪にある1ヵ所の傷に Z 個の玉が接触することにより発生する異常音（騒音）の周波数は、式（2.91）、（2.92）において $f_0 = 0$ とおいて、

内輪傷の場合、

$$f_{iz} = \frac{Z}{2} f_i \left(1 + \frac{d}{D} \cos\beta \right) \qquad (2.93)$$

外輪傷の場合、

$$f_{oz} = \frac{Z}{2} f_i \left(1 - \frac{d}{D} \cos\beta \right) \qquad (2.94)$$

となる。式（2.94）においてマイナスが付くのは、玉から観れば外輪は反

図2.27　ころがり軸受の異常音の波形例

対方向に動くように見えるためである。実際の計算はマイナスを付けなくても構わない。式（2.93）または（2.94）の異常音は図2.27のような波形として観測される。これらの場合の周期 T は、

$$T_{iz} = \frac{1}{f_{iz}} = \frac{2}{f_i\left(1+\dfrac{d}{D}\cos\beta\right)} \tag{2.95}$$

$$T_{oz} = \frac{1}{f_{oz}} = \frac{2}{f_i\left(1-\dfrac{d}{D}\cos\beta\right)} \tag{2.96}$$

である。

4.4　例題と演習問題

　式（2.93）、（2.94）は、内輪または外輪に1ヵ所の傷がある場合の異常音の周波数であった。では、玉やころなどの転動体の1ヵ所に傷がある場合の周波数はどのようにして計算できるのだろうか。この場合には「傷による周波数＝転動体の自転周波数になる」という特徴がある。以下の例題で考えてみよう。

【例題】
　式（2.93）、（2.94）を求めた方法に従って、転動体の自転周期を求めなさい。

【解答と解説】
　転動体と内輪の周速度の比は、

$$\frac{v_R}{v_i} = \frac{2\pi f_R}{2\pi f_i} = \frac{f_R}{f_i} \qquad (2.97)$$

となる。ところが図 2.25 より、

$$\frac{v_R}{v_i} = \frac{r_i}{d/2} \qquad (2.98)$$

（2.97）を（2.96）に代入すると、

$$\frac{f_R}{f_i} = \frac{r_i}{d/2} \qquad (2.99)$$

よって、

$$f_R = f_i \frac{r_i}{d/2} = f_i \frac{2r_i}{d} \qquad (2.100)$$

となる。一方、図 2.25 より、r_1 を D と β で表すと、

$$r_i = \frac{D}{2} - \frac{d}{2}\cos\beta = \frac{1}{2}(D - d\cos\beta) = \frac{1}{2}D\left(1 - \frac{d}{D}\cos\beta\right) \qquad (2.101)$$

また、内輪の周波数は式（2.93）より、

$$f_{iz} = \frac{1}{2}f_i\left(1 + \frac{d}{D}\cos\beta\right)$$

式（2.100）に（2.101）と（2.93）を代入して、

$$f_R = \frac{1}{2}f_i\left(1 + \frac{d}{D}\cos\beta\right)\frac{2}{d}\frac{1}{2}D\left(1 - \frac{d}{D}\cos\beta\right)$$

$$= \frac{1}{2}f_i\frac{D}{d}\left(1 - \left(\frac{d}{D}\right)^2\cos^2\beta\right) \qquad (2.102)$$

である。

転動体の数が Z 個の場合、

$$f_R = \frac{Z}{2}f_i\frac{D}{d}\left(1 - \left(\frac{d}{D}\right)^2\cos^2\beta\right) \qquad (2.103)$$

となる。

【練習問題】

深溝玉軸受6309相当、基礎円直径 $D=70\text{mm}$、接触角 $\beta=0°$、転動体（球）直径 $d=12.5\text{mm}$、転動体数 $Z=10$ 個について、

① 内輪に1ヵ所傷がある場合の振動数

② 外輪に1ヵ所傷がある場合の振動数

③ 転動体に1ヵ所傷がある場合の振動数

をそれぞれ求めなさい。ただし軸の回転数を200〔r/s〕とする。

【解答と解説】

① 内輪傷の場合、式（2.93）より、

$$f_{iz}=\frac{Z}{2}f_i\left(1+\frac{d}{D}\cos\beta\right)$$

において、$Z=10$、$f_i=200$〔Hz〕、$d=12.5$〔mm〕$=0.0125$〔m〕、$D=70$〔mm〕$=0.07$〔m〕、$\beta=0°$ を代入すると、

$$f_{iz}=\frac{10}{2}200\left(1+\frac{0.01250}{0.07}\cos0\right)=1000(1+0.018)$$

$$=1018〔\text{Hz}〕\quad【答え】$$

② 外輪傷の場合、式（2.94）より

$$f_{oz}=-\frac{Z}{2}f_i\left(1-\frac{d}{D}\cos\beta\right)$$

$$f_{iz}=\frac{10}{2}200\left(1-\frac{0.01250}{0.07}\cos0\right)=1000(1-0.018)$$

$$=982〔\text{Hz}〕\quad【答え】$$

③ 転動体に1ヵ所傷がある場合、式（2.103）より

$$f_{R}=\frac{Z}{2}f_i\frac{D}{d}\left(1-\left(\frac{d}{D}\right)^2\cos^2\beta\right)$$

$$f_{R}=\frac{10}{2}200\frac{0.07}{0.025}\left(1-\left(\frac{0.025}{0.07}\right)^2\cos^20\right)=2800(1-0.128)$$

$$=2441〔\text{Hz}〕\quad【答え】$$

第 Ⅲ 章

静力学

第Ⅲ章では、まず、部材が外部より受ける力（外力）によって生じる反力などについて、静力学の平衡条件や力の分解を利用して求める方法を学ぶ。静力学の平衡条件とは、力のつり合いとモーメントのつり合いのことで、この条件を満たすとき、物体はつり合い状態（静止）にある。このことは、部材内部に作用する力（応力）を求めるときの基本的な考え方になっている。また、機械を構成する部材には、外力によって、伸びや縮み、曲がり、ねじれなどさまざまな変形が生じる。強度設計では、このような変形の程度（ひずみやたわみなど）や応力を正しく見積もる必要がある。第Ⅲ章では、応力や変形の程度を求める方法を学ぶことにより、強度設計の基礎を身につけることができる。

1 | 釣り合い力学

1.1 釣り合い力学の3要素
（モーメントの釣り合い、力の釣り合い、力の分解）

　機械設備を床や地面よりも高い位置に設置する場合には、一般的に架台を使用する。たとえば、液体の入ったタンクを高い位置に設置し、その落差を利用したい場合である。一般的に架台は形鋼と呼ばれるH形、L形などの一定の断面形状に成形された部材を組んで製作される。

　架台を設計する際には、架台の部材に作用する力を求める必要があり、これらはモーメントの釣り合いと力の釣り合いにより求められる。また、さまざまな方向に組まれた部材に作用する力は、力の分解を用いて求めることができる。

　このようなモーメントの釣り合い、力の釣り合い、力の分解を釣り合い力学の3要素と呼ぶことにする。

　例として、図3.1のようなトラス構造の架台の部材に作用する力を求めてみる。架台の寸法は、高さがa、幅をbとする。架台の各部材と床の節点はピンで留められており、上面の中央（E点）には設備の重量として鉛直方向下向きの荷重Wが作用している。また、D点には風から受ける荷重として水平荷重Pが作用している。

図3.1　鉛直荷重と水平荷重の作用している架台

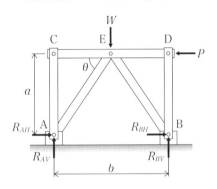

架台は静止しているため、釣り合い状態にある。したがって、床との接点では、鉛直方向および水平方向の反力を受ける（接点は、ピン結合のため、回転自由で反モーメントは作用しない）。これら反力は未知数であるため、力の釣り合いとモーメントの釣り合いで求める。鉛直方向の反力をR_{AV}、R_{BV}とおくと、鉛直方向の力の釣り合いは、上向きを正とすると、

$$R_{AV} + R_{BV} - W = 0$$

となる。また、水平方向の反力をR_{AH}、R_{BH}とおくと、水平方向の力の釣り合いは、右向きを正とすると、

$$R_{AH} + R_{BH} - P = 0$$

となる。水平方向の反力は、水平荷重PをＡ点とＢ点で均等に負担すると仮定すると、

$$R_{AH} = R_{BH} = \frac{P}{2}$$

となる。厳密には、この問題は不静定問題であるため部材の変形を考慮しなければならないが、ここでは割愛する。

　次に、Ａ点周りのモーメントの釣り合いより、反時計回りを正とすると、Ｂ点の鉛直方向の反力R_{BV}は、

$$R_{BV}b - W\frac{b}{2} + Pa = 0 \qquad \therefore R_{BV} = \frac{W\dfrac{b}{2} - Pa}{b} = \frac{W}{2} - \frac{Pa}{b}$$

となる。このときＡ点の鉛直方向反力R_{AV}は、上述の力の釣り合いより、

$$R_{AV} = W - R_{BV} = W - \left(\frac{W}{2} - \frac{Pa}{b}\right) = \frac{W}{2} + \frac{Pa}{b}$$

となり、釣り合い状態にある架台に作用する未知の反力は、力の釣り合い

図3.2　Ａ点に作用する力

図3.3　力P_{AE}の分解

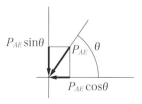

とモーメントの釣り合いより求めることができる。このような釣り合いは、各節点においても成立する。

　A点には、部材ACと部材AEが接合されており、各部材には、部材の軸方向に引張り力もしくは圧縮力が作用している。図3.2、図3.3より、これら軸方向の力をP_{AC}とP_{AE}とおくと、A点における力の釣り合いは、次式となる。

　　　鉛直方向　$R_{AV} - P_{AC} - P_{AE}\sin\theta = 0$
　　　水平方向　$R_{AH} - P_{AE}\cos\theta = 0$

ここで、R_{AV}、R_{AH}は、すでに求められているので、上式は、P_{AC}、P_{AE}のみが未知数である。したがって、上の2式を連立方程式として解けば、P_{AC}とP_{AE}が求められる。

　このようにして、機械設備の設計に必要な力やモーメントは、釣り合い力学の3要素をうまく組み合わせることによって、簡単に求めることができる。

1.2　梁や軸の反力

　反力の例として、軸や梁の問題を考えてみる。軸や梁を設置する際は、動かないように1ヵ所以上を支持されているため、反力や反モーメントを受ける。これらは未知の力（あるいはモーメント）であるため、釣り合いの条件を用いて求める必要がある。

　図3.4は、両端を単純支持された梁である。B点とC点にそれぞれ500Nと200Nの集中荷重が作用している。このとき、A点とD点の反力を求めたい。

　まず、鉛直方向の力の釣り合いを考えると次式となる（上向きを正）。

図3.4　集中荷重を受ける単純支持ばり

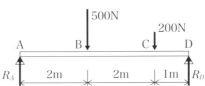

$$R_A + R_D - 500 - 200 = 0$$

次に、A点周りのモーメントの釣り合いを考える。反時計回りを正とすると、次式となる。

$$R_D \times 5 - 500 \times 2 - 200 \times 4 = 0$$

したがって、R_D は、

$$R_D = \frac{500 \times 2 + 200 \times 4}{5} = 360N$$

となる。R_A は力の釣り合いより、次式のように求められる。

$$R_A = 700 - R_D = 700 - 360 = 340N$$

このように、力の釣り合いとモーメントの釣り合いを考えることによって、未知の反力を求めることができる。なお、R_A のみを求めたい場合は、D点周りのモーメントの釣り合いを考えるだけでよい。

1.3 ワイヤーに作用する張力

図3.5のように、ワイヤーで荷物（質量 m）を吊るしている。ワイヤーは荷物のA点とB点に結んであり、荷物と角度 θ をなす。このとき、OC間に作用する張力は荷物の重量分の mg となるが、OAとOBに作用する張力はどのようになるかを考えてみよう。

OAに作用する張力を T_1、OBに作用する張力を T_2 とし、O点での力の釣り合いを考えてみる。T_1 と T_2 は、水平方向に対して角度 θ をなしているので、図3.6のように鉛直方向成分と水平方向成分に分解し、それぞれの方向での力の釣り合いを考えるとよい。

O点の鉛直方向の力の釣り合いより、

図3.5　ワイヤーにつるされた荷物

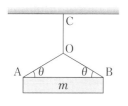

図3.6　O点に作用する力

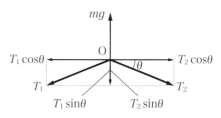

$$mg - T_1 \sin\theta - T_2 \sin\theta = 0$$

また、水平方向の力の釣り合いより、

$$T_1 \cos\theta = T_2 \cos\theta$$

ゆえに、$T_1 = T_2$ となり、上式に代入すると、T_1 と T_2 が求まる。

$$mg - 2T_1 \sin\theta = 0$$

$$\therefore T_1 = \frac{mg}{2\sin\theta} = T_2$$

　このようにして、力の方向がある角度をなしている場合は、力の分解を利用して、鉛直方向と水平方向のようにそれぞれの方向で力の釣り合いを求めればよい。

1.4　例題と演習問題

【問題1】

　図のように2本のロープOA、OBの交点に200Nが作用している。このとき、ロープOA、OBに働く張力を求めなさい。

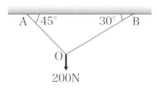

【解答】

　OAおよびOBに作用する張力を T_{OA}、T_{OB} とおくと、
垂直方向の力の釣り合いより、

$$T_{OA}\sin 45° + T_{OB}\sin 30° - 200 = 0 \qquad ①$$

また、水平方向の力の釣り合いより、

$$-T_{OA}\cos 45° + T_{OB}\cos 30° = 0$$

上式より、

$$T_{OA} = \frac{T_{OB}\cos 30°}{\cos 45°} \qquad ②$$

式②を①式に代入する

$$\frac{T_{OB}\cos 30°}{\cos 45°}\sin 45° + T_{OB}\sin 30° - 200 = 0$$

$$\frac{T_{OB}\frac{\sqrt{3}}{2}}{\frac{\sqrt{2}}{2}}\cdot\frac{\sqrt{2}}{2} + T_{OB}\cdot\frac{1}{2} - 200 = 0$$

$$T_{OB}\left(\frac{\sqrt{3}}{2} + \frac{1}{2}\right) = 200$$

$$\therefore T_{OB} = \frac{400}{\sqrt{3}+1} = 146.4\text{N}$$

T_{OB}を②式に代入すると、T_{OA}が求まる。

$$T_{OA} = \frac{T_{OB}\frac{\sqrt{3}}{2}}{\frac{\sqrt{2}}{2}} = \frac{400}{\sqrt{3}+1}\cdot\frac{\sqrt{3}}{\sqrt{2}} = \frac{400}{\sqrt{3}+1}\cdot\frac{\sqrt{6}}{2} = \frac{200\sqrt{6}}{\sqrt{3}+1} = 179.3\text{N}$$

【問題2】

　図のように、棒BDがB点において回転自由なピンで壁に取り付けられ、ひも AC で水平に支えてある。棒の先端Dに鉛直荷重500Nが作用するとき、ひもに働く張力の大きさを求めなさい。ただし、棒やひもの自重は無視してよい。

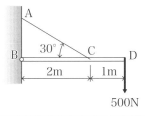

【解答】

ひも AC の張力をTとおくと、B点周りのモーメントの釣り合いより、

$$T\sin 30° \times 2 - 500 \times 3 = 0$$

$$\therefore T = \frac{500 \times 3}{\sin 30° \times 2} = 1500\text{N}$$

したがって、$T = 1500\text{N}$ となる。

---

2 | 材料力学

2.1　材料力学の3要素（応力、ひずみ、弾性係数）

　第1章の3.1では、ボールの変形の例をあげたが、空気の入ったボールを地面に置き、上から手で押さえてゆっくり体重をかけると、ボールは徐々に変形する。体重すべてをかけるとボールの変形は最大となるが、力を抜いていくと変形は徐々になくなり、最終的には元の形に戻る。

　このとき、押さえていた手は、ボールから抵抗力を受けており、押さえる力が大きければ大きいほど、抵抗力は大きくなる。これは、変形に対してボールが抵抗しているためであり、元の形に戻ろうとする力（弾性回復力）によるものである（図3.7）。

　材料力学では、このときの抵抗力を内力という。また、物体を外部から変形させようと作用する力を外力といい、外力が作用することで、内力が生じているため、外力と内力は釣り合いの状態にある。

　この外力と変形には関係性がある。ここで、中学生の理科で学んだばねの実験を思い出してほしい。実験の内容は、おそらく次のとおりである。

　まず、両端に丸い輪のついたつる巻ばねの一方をフックに吊るし、反対

図3.7　ボールの変形

弾性回復力

側の輪に錘をつり下げる。すると、ばねは重みで伸びるので、そのときの重さと伸びを記録する。さらに、錘の重さをいろいろに変えて、重さと伸びを記録する。当然ながら、重さに応じてばねの伸びは変化するため、実験結果を整理すると、「重さとばねの伸びは比例する」という結果が得られる（図3.8）。

さて、そもそもこの実験で確認したかった法則は何か。そう、「**フックの法則**」である。フックの法則とは、「荷重と伸びは正比例する」という物理法則であり、弾性体と呼ばれる物体で成り立つ。このとき、錘の重さをW、ばねの伸びをδ、ばね定数をkとすると、フックの法則は次式で表される。

$$W = k\delta$$

すなわち、ばね定数とは伸びと重さの関係の傾きであり、ばねの変形しにくさを表す。この法則は前述のとおり、弾性体であれば成立する。機械設備でよく用いられる鉄鋼材料（たとえばSS400）などは非常に硬くて、人の力で引張ってもビクともしないが、鉄鋼材料も弾性体の1つである。したがって、フックの法則が成り立ち、その関係は次式で表される。

$$\sigma = E\varepsilon \qquad (3.1)$$

ここで、σは**応力**、εは**ひずみ**、Eは**縦弾性係数（ヤング率）**を示す。応力は、単位面積当たりの内力であり、ひずみは単位長さ当たりの伸びである。また、縦弾性係数は応力とひずみの関係の比例定数であり、変形に対する抵抗の大きさ（変形しにくさ）を表している。

図3.8　ばねの伸び

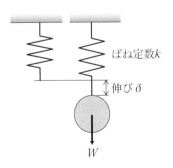

このように、応力とひずみには比例関係があり、変形を加えようとして荷重（外力）を作用させると、物体は変形し（ひずみが生じ）、内部には内力（応力）が生じる。また、ひずみが生じたときに、どれだけの応力が生じるかを表すものが弾性係数であり、応力を正しく見積もることが設備設計においては重要となる。

　このような応力、ひずみ、弾性係数を、材料力学の3要素と呼ぶことにする。応力を正しく見積もるためには、部材にどのような変形（変化）が生じているかを考える必要がある。

　しかしながら、鉄鋼材料など工業材料においてはこれらの変化はわずかであり、見た目にはわからないため、理解するには想像力を働かせる必要がある。たとえば、身近にある軟かいもの（たとえば、消しゴムやスポンジなど）を変形させてみるとイメージをつかみやすい。

　さて、モノが壊れるとは、応力が材料の強度を超えたときに起きる現象である。したがって、強度計算においては応力の見積もりが重要となる。また、強度は十分でも、変形が許容範囲を超えると、所定の動作の妨げる場合があるため、変形（ひずみ）に対しても注意を払う必要がある。

　変形には大きく分けて4種類ある。すなわち、伸び（縮み）変形、ずれ変形、曲がり変形、ねじれ変形である。たとえば、図3.9のように断面積Aの棒に引張り荷重Pが作用する場合を考えてみる。このような伸び変形では、部材の断面に垂直な応力が作用しており、これを**垂直応力**という。

　垂直応力σは式（3.2）で定義される。

$$\sigma = \frac{P}{A} \qquad (3.2)$$

　次に、図3.10のように壁に埋め込まれた棒が、その軸線に対して垂直方向の荷重（せん断荷重）を受ける場合を考える。このような場合、棒はずれ変形を生じており、断面に平行な応力が作用している。これを**せん断**

図3.9　引張り荷重を受ける棒

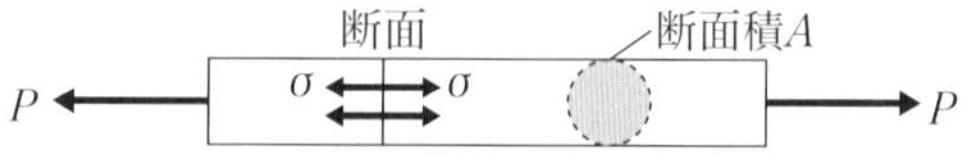

図3.10　せん断荷重を受ける棒

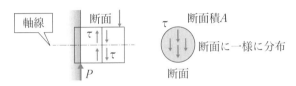

図3.11　縦ひずみと横ひずみ

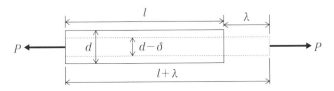

応力といい、次の式で定義される。

$$\tau = \frac{P}{A} \qquad (3.3)$$

また、図3.11に示すように、長さlの棒が引張荷重Pを受けてλだけ伸びたとき、単位長さ当たりの伸びのことを**縦ひずみ（線ひずみ）**といい、次式で表される。

$$\varepsilon = \frac{\lambda}{l} \qquad (3.4)$$

ここで、引張荷重Pにより棒が伸びたとき、直径はdから$d-\delta$に縮む。このような荷重の方向に垂直な横方向の変形の程度（縮み率）は、

$$\varepsilon' = -\frac{\delta}{d} \qquad (3.5)$$

と表し、**横ひずみ**という。δが減少量のときは負号をつけ、増加量のときは正とする。ここで、縦ひずみと横ひずみの比を**ポアソン比**といい、次式で定義される。

$$\upsilon = \left| \frac{\varepsilon'}{\varepsilon} \right| \qquad (3.6)$$

図3.12のように、せん断応力を受ける断面に一辺がlの微小な四角形を

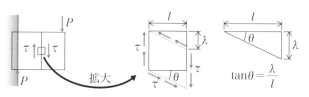

図3.12　せん断ひずみ

$$\tan\theta = \frac{\lambda}{l}$$

考える。この四角形はせん断応力τを受けてλだけずれる。このとき単位長さ当たりのずれを**せん断ひずみ**といい、次式で定義される。

$$\gamma = \frac{\lambda}{l}$$

　変形前後の形状のつくる三角形の偏角をθとすると、θが非常に小さい場合、$\tan\theta \fallingdotseq \theta$なので、$\gamma = \theta$とおいてもよい。

2.2　引張り強度

　材料力学では、各種材料の特性を調べるためにさまざまな材料試験を行う。代表的な材料試験に引張り試験がある。これは、図3.13のような所定の形状の試験片の両端をつかみ、一定速度で引っ張ったときに試験片に作用する荷重と試験片の伸びを記録するという単純な試験であるが、材料の機械的性質を調べるためのもっとも基本的な試験である。

　引張り試験の結果として、荷重伸び線図が得られるが、この縦軸（荷重）の値を試験片の断面積で割り、横軸（伸び）の値を元の長さで割ると、それぞれ応力とひずみに変換され、図3.14に示すような**応力ひずみ線図**（軟鋼の場合）となる。

　応力ひずみ線図は、破断に至るまでの材料の変形挙動を表すもっとも基本的な図である。詳しく見ると、応力とひずみの関係は、試験開始直後、直線的な変化を示しており、応力とひずみは比例関係にある。このときフックの法則が成り立ち、傾きが縦弾性係数を示している。

　この段階の変形は、荷重を取り除くと試験片は元の形に戻り、**弾性変形**と呼ばれる。さらに、引っ張っていくと途中で比例関係が崩れ、応力ひずみ線図は曲線を描く。この段階の変形は**塑性変形**と呼ばれ、荷重を取り除

図3.13　引張り試験片

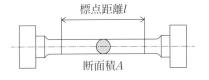

図3.14　応力ひずみ線図（軟鋼の場合）

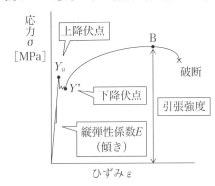

いても元の形には戻らず、変形が残る。

　このように弾性変形から塑性変形に変わる点の応力を**降伏点（降伏応力）**と呼ぶ。降伏とは、荷重に対して、弾性回復力で弾性変形の範囲内に耐えていた材料が「降伏」し、塑性変形してしまったことを意味している。

　降伏点を過ぎると、応力ひずみ線図は曲線的に変化し、最大値を記録した後に応力が下がり始め、ついには破断に至る。このときの最大値を引張り強度と定義しており、材料の引張りに対する抵抗力の最大値を表している。

　機械部品などを設計する際は、材料の強度を基準にして、軸径などさまざまな寸法を決定する。このとき、引張り強度を基準にして設計してしまうと、降伏点を超える可能性が高く、塑性変形してしまうおそれがある。

　降伏を起こし、塑性変形してしまった部品は、破断はしていなくても、文字通り使い物にならない。また、衝撃や繰り返し荷重などが作用する場

合は、低い応力でも破断に至る場合がある。したがって、設計において
は、通常、安全率を考慮して、降伏点以下になるように設定した**許容応力**
を基準として設計を行う。

2.3 せん断強度

　リベット接手やボルト締結体においては、ボルトやリベットの軸を横切
るように荷重はせん断方向に作用する。このような場合は、せん断強度を
基準にして設計を行う。

　たとえば、図3.15のようにリベットによって締結された2枚の板に引張
り荷重Pが作用している。このとき、リベットは、軸線に対して垂直な断
面にせん断荷重を受けており、その大きさは、式（3.3）より、

$$\tau = \frac{P}{A}$$

となる。いま、許容せん断応力をτ_aとすると、リベットの軸に必要な直径
dは、

$$\tau = \frac{P}{\frac{\pi d^2}{4}} = \tau_a \qquad \therefore d = \sqrt{\frac{4P}{\pi \tau_a}}$$

で与えられる。実際は、板もリベットからせん断荷重を受けるため、設計
をする際には板に作用するせん断応力も考慮する必要がある。

図3.15　リベットにより締結された板

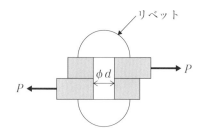

2.4 例題と演習問題

【例題1】

　図のように断面一様でまっすぐな棒の各点にそれぞれ荷重が作用している。棒が静止しているとき、棒の内部にはどのような力が作用しているか、考えてみよう。

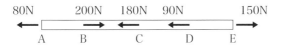

【解答】

　まず、AB間で仮想的に切断してみる。左側の部分は左向きに80Nの力で移動しようとする。一方、右側の部分は、右向きに$200-180-90+150$$=80$Nの力で移動しようとしている。したがって、AB間の仮想切断面には、引張りの方向に80Nが作用している。

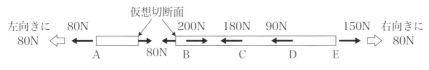

AB間で仮想的に切断した場合

　同様にして、BC間に作用する力を考えてみよう。左側と右側の部分に作用する力は、それぞれの部分に作用する荷重を合計すればよい。合計する際には、仮想断面を引っ張る方向を正として考えると次のようになる。

　左側：$80-200=-120$N（右向きに120N、圧縮）

　右側：$-180-90+150=-120$N（左向きに120N、圧縮）

　ここで、左側の部分は右向きに120N、右側の部分は左向きに120Nで移動しようとするため、仮想切断面には圧縮の方向に120Nが作用していることになる。CD間、DE間に作用している荷重も同様にして求めることができる。

CD間

　左側：$80-200+180=60$N（左向き、引張り）

右側：150 − 90 = 60N（右向き、引張り）

DE 間

　左側：80 − 200 + 180 + 90 = 150N（引張り）

　右側：150N（引張り）

　各区間に作用する荷重は釣り合い状態にあるため、仮想断面の左側も右側も同じとなる。したがって、左側もしくは右側のどちらか一方を求めればよい。また、作用する荷重の方向は、右向きや左向きといった方向よりも、引張りか圧縮かということが重要である。

　以上より、部材内部に作用する力は、求めたい位置より左側（もしくは右側）の荷重を引張り方向が正となるように合計すればよい。

【問題1】

　直径 $d = 30\text{mm}$、長さ $L = 1200\text{mm}$ の軟鋼丸棒を $P = 10\text{kN}$ で引っ張った。丸棒に生じる応力 σ、縦ひずみ ε、横ひずみ ε'、棒の伸び λ、直径の縮み δ を求めなさい。ただし、ポアソン比を $v = 0.3$、縦弾性係数を $E = 206\text{GPa}$ とする。

【解答】

応力 σ

$$\sigma = \frac{P}{A} = \frac{P}{\frac{\pi}{4}d^2} = \frac{10000}{\frac{\pi}{4} \times 0.030^2} = 14147106\text{Pa} = 14.15\text{MPa}$$

縦ひずみ ε

$$\sigma = E\varepsilon \text{ より } \quad \varepsilon = \frac{\sigma}{E} = \frac{14.15 \times 10^6}{206 \times 10^9} = 0.0000687$$

横ひずみ ε'

$$v = \left| \frac{\varepsilon'}{\varepsilon} \right| \text{ より } \quad \varepsilon' = -v\varepsilon = -0.3 \times 0.0000687 = -0.0000206$$

棒の伸び λ

$$\sigma = E\varepsilon \text{ に } \sigma = \frac{P}{A}\text{、} \quad \varepsilon = \frac{\lambda}{l} \text{ を代入する}$$

$$\frac{P}{A} = E\frac{\lambda}{l} \quad \therefore \lambda = \frac{Pl}{AE}$$

したがって

$$\lambda = \frac{Pl}{AE} = \frac{Pl}{\frac{\pi}{4}d^2 E} = \frac{4 \times 10000 \times 1.2}{\pi \times 0.030^2 \times 206 \times 10^9} = 0.0000824\text{m} = 0.0824\text{mm}$$

直径の縮み δ

$$\varepsilon' = -\frac{\delta}{d} \quad \text{より}$$

$$\delta = -\varepsilon' d = -(-0.0000206) \times 30 = 0.000618\text{mm} = 0.618\mu\text{m}$$

【問題2】

　　直径 $d=10\text{mm}$ の断面一様でまっすぐな棒に図のような荷重が作用している。いま棒が静止しているとき、D点に作用している荷重を求めなさい。また、AB、BC、CD、DE間に作用している力および全体の伸びを求めなさい。ただし、棒材の縦弾性係数を $E=206\text{GPa}$ とする。

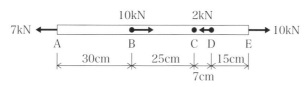

【解答】

　C点に作用している荷重を Pc とおく

　力のつり合いより（右向きを正）

$$-7+10+Pc-2+10=0$$

$$\therefore Pc=7-10+2-10=-11\text{kN}（左向きに11\text{kN}）$$

各区間に作用している力

　AB間　$P_{AB}=7\text{kN}$（引張り荷重）

　BC間　$P_{BC}=7-10=-3\text{kN}$（圧縮荷重）

CD 間　$P_{CD} = 7 - 10 + 11 = 8\text{kN}$（引張り荷重）

DE 間　$P_{DE} = 7 - 10 + 11 + 2 = 10\text{kN}$（引張り荷重）

全体の伸び

$$\lambda = \frac{Pl}{AE} = \frac{1}{AE}(P_{AB}l_{AB} + P_{BC}l_{BC} + P_{CD}l_{CD} + P_{DE}l_{DE})$$

$$= \frac{1}{\frac{\pi}{4}0.010^2 \times 206 \times 10^9}(7000 \times 0.3 - 3000 \times 0.25$$

$$+ 8000 \times 0.07 + 10000 \times 0.15)$$

$$= 0.000211\text{m} = 0.211\text{mm}$$

【問題3】

　図のような段付き丸棒に引張り荷重 $P = 5\text{kN}$ が作用するとき各部に生じる応力と棒全体の伸びを求めなさい。ただし、棒の直径はそれぞれ $d_1 = 12\text{mm}$、$d_2 = 8\text{mm}$、$d_3 = 14\text{mm}$、各区間の長さはそれぞれ $l_1 = 60\text{cm}$、$l_2 = 50\text{cm}$、$l_3 = 70\text{cm}$、縦弾性係数を $E = 206\text{GPa}$ とする。

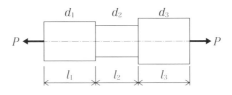

【解答】

　d_1 部の応力

$$\sigma_1 = \frac{P}{A} = \frac{P}{\frac{\pi}{4}d_1^2} = \frac{4 \times 5000}{\pi \times 0.012^2} = 44.3\text{MPa}$$

　d_2 部の応力

$$\sigma_2 = \frac{P}{A} = \frac{P}{\frac{\pi}{4}d_2^2} = \frac{4 \times 5000}{\pi \times 0.008^2} = 99.5\text{MPa}$$

　d_3 部の応力

$$\sigma_3 = \frac{P}{A} = \frac{P}{\frac{\pi}{4}d_3^2} = \frac{4 \times 5000}{\pi \times 0.014^2} = 32.5\text{MPa}$$

棒全体の伸び

$$\lambda = \frac{Pl}{AE} = \frac{1}{E}(\sigma_1 l_1 + \sigma_2 l_2 + \sigma_3 l_3)$$

$$= \frac{1}{206 \times 10^9}(44.3 \times 10^6 \times 0.6 + 99.5 \times 10^6 \times 0.5 + 32.5 \times 10^6 \times 0.7)$$

$$= 0.000481\text{m} = 0.481\text{mm}$$

【問題4】

　図のように、パンチを用いて板厚$t = 4$mmのブランク（鋼板）に直径$d = 36$mmの円を打ち抜くとき、打抜き力Pはいくら必要か。ただし、鋼板のせん断強さを300MPaとする。

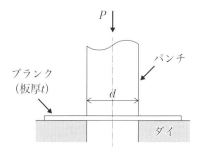

【解答】

　せん断を受けているのは、ブランクのパンチ外周部とダイに挟まれた円筒面なので、

$$A = \pi dt$$

したがって、$\tau = \dfrac{P}{A}$ より

$$P = \tau A = \tau \pi dt = 300 \times 10^6 \times \pi \times 0.036 \times 0.004 = 135717\text{N}$$

3 | 曲がり変形

3.1　曲がり変形の3要素（垂直荷重、曲げモーメント、断面係数）

　家屋の柱の上に設置し、屋根を支える部材を梁と言うが、機械部品においては、架台に水平に入っている部材や伝動軸や車軸など、曲がり変形を受ける部材のことも梁と呼んでいる。

　さて、身近な曲がり変形というと、針金を曲げたり、枝を折ったりといった動作が思い浮かぶ。このときの手の動作としては、手首もしくは腕をひねり、対象物を曲げているだろう。このように曲がり変形を与えるためには、ひねり、すなわちモーメントを加える必要がある。このモーメントのことを曲げモーメントと呼ぶ。加えるひねりを強くすれば、より大きく曲がるように、曲げモーメントが大きいほど、曲がり変形は大きくなる。また、曲がり変形させるには、棒に対して左手と右手と両側からモーメントを加える必要があり、曲げモーメントも必ず両側から作用している。

　さて、屋根を支えたり、軸に取り付けられた歯車などを支えたりする場合は、梁の軸線に対して垂直方向に荷重が作用している。このような垂直荷重によっても梁は曲がり変形を生じ、梁の断面には曲げモーメントが作用している。曲げモーメントの求め方は、モーメントの計算と同じく、力×距離で求められ、力、または距離が大きくなれば、曲げモーメントは大きくなる。したがって、図3.16のように一端が壁に固定され、反対側の端に荷重が作用しているような梁（片持ち梁という）の場合、荷重からもっとも離れている壁側で曲げモーメントは最大となる。

図3.16　片持ち梁

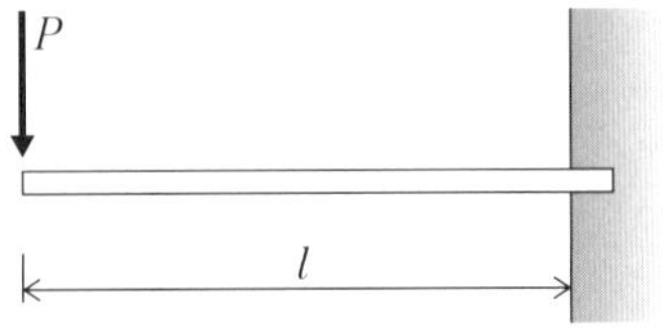

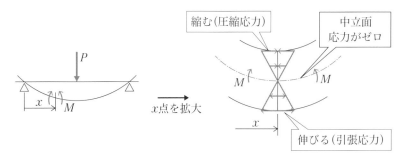

図3.17　曲がり変形

縮む（圧縮応力）

中立面
応力がゼロ

M　　　M

x点を拡大

x

伸びる（引張応力）

　曲がり変形を受ける部材では、曲がりの方向によって伸びたり縮んだりする。図3.17のような場合、部材の下側は伸びて上側は縮んでいる。したがって、下側には引張りの垂直応力が作用し、上側には圧縮の垂直応力が作用している。伸び（引張り）と縮み（圧縮）は方向が逆の変形なので、部材の断面では下側から上側にかけて、図3.17のように引張りから圧縮にかけて変化するように分布している。また、その中間には応力が作用していない面（ひずみもゼロ）が存在し、これを中立面と呼ぶ。

　さて、梁は断面に生じる応力が材料の強度を超えたときに壊れてしまうが、その応力の大きさは断面形状によって異なる。たとえば、プラスチック製の定規に（折れない程度に）曲がり変形を加えてみる。材料が軟かいので軽い力で曲がるが、曲げる方向によって曲がりにくさが異なる。断面が横長になるように曲げた場合よりも、縦長になるように曲げた場合の方が曲げにくく、同じ力であれば変形が小さい。このように曲げる方向を変えただけでも、曲がりにくさが違う。この曲がりにくさを表したものを断面係数といい、断面に生じる最大曲げ応力は次式で表される。

$$\sigma = \frac{M}{Z} \qquad (3.4)$$

　ここで、σは**曲げ応力**、Mは**曲げモーメント**、Zは**断面係数**である。断面係数は分母にあるので、大きいほど曲げ応力は小さくなるため、曲がりにくさを表している。

　代表的な断面形状の断面係数を表3.1に示す。このように曲がり変形で

表3.1　各種断面の形状と断面係数

断面形状	断面二次モーメント I_N	断面係数 Z
N—N （長方形, b, h）	$\dfrac{bh^3}{12}$	$\dfrac{bh^2}{6}$
N—N （円, d）	$\dfrac{\pi d^4}{64}$	$\dfrac{\pi d^3}{32}$
N—N （H形, $t/2$, $b-t$, $t/2$, h, s, b）	$\dfrac{th^3 + s^3(b-t)}{12}$	$\dfrac{th^3 + s^3(b-t)}{6h}$
N—N （I形, s, h, s, t, d, a）	$\dfrac{ad^3 - h^3(a-t)}{12}$	$\dfrac{ad^3 - h^3(a-t)}{6d}$

は、梁を横切って作用する垂直荷重とそれによって生じる曲げモーメント、曲がりにくさを表す断面係数に大きく影響を受ける。これらを曲がり変形の3要素と呼ぶことにする。

3.2　せん断力図と曲げモーメント図

図3.18に示すような梁にその軸線を横切るような荷重Pが作用しているとき、梁の断面には**せん断力**と**曲げモーメント**が作用している。せん断力とは、断面をせん断する力で、左側から作用するせん断力と右側から作用するせん断力は、大きさは同じで、上下方向に対になるように作用している。曲げモーメントは、梁に曲がり変形を生じさせるもので、こちらも右

図3.18　梁の断面に作用しているせん断力と曲げモーメント

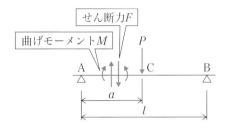

図3.19　せん断力の求め方

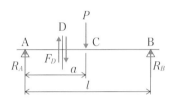

側からと左側からとそれぞれ同じ大きさで、向きが対になるように作用している。

　せん断力は、その断面より左側の部分（もしくは右側の部分）に作用する荷重の合計により求められる。たとえば、図3.19に示すようにD点のせん断力を求めてみる。D点より左側の荷重は支点Aの反力R_Aのみであるため、左側から作用するせん断力は次式となる。

$$F_D左 = R_A（上向き）$$

　一方、D点より右側の荷重は支点Bの反力R_BとPなので、次式となる。

$$F_D右 = R_B - P$$

ここで、力のつり合いより

$$R_A + R_B - P = 0 \quad \therefore R_B = P - R_A$$

したがって、

$$F_D右 = R_B - P = P - R_A - P = -R_A（下向き）= -F_D左$$

　このように、左側から作用するせん断力と右側から作用するせん断力の大きさは同じで向きが対になるように作用していることが確認できる。

第Ⅲ章　静力学

図3.20　曲げモーメントの求め方

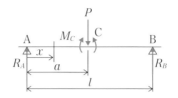

　次に、図3.20のC点の曲げモーメントを求めてみる。曲げモーメント
は、断面より左側（もしくは右側）に作用する荷重の作る力のモーメント
（力×距離）を合計すればよい。いま、C点に左側から作用している曲げ
モーメントは、左側に作用している荷重がR_A、C点からA点までの距離
はaなので次式となる。

$$M_C左 = R_A a$$

　一方、C点に右側から作用している曲げモーメントは、右側に作用して
いる荷重はR_B、C点からB点までの距離は$l-a$なので次式となる。

$$M_C右 = R_B(l-a)$$

　ここで、A点まわりのモーメントのつり合いより

$$R_B l - Pa = 0 \quad \therefore R_B = \frac{Pa}{l}$$

$$\therefore R_A = P - R_B = P - \frac{Pa}{l} = \frac{P(l-a)}{l}$$

　したがって、

$$M_C左 = R_A a = \frac{P(l-a)}{l} a \quad （時計回り）$$

$$M_C右 = R_B(l-a) = \frac{Pa}{l}(l-a) \quad （反時計回り）$$

となり、左側から作用する曲げモーメントと右側から作用する曲げモーメ
ントの大きさは同じで向きが対になるように作用していることが確認でき
る。このように、せん断力および曲げモーメントの左側と右側は、大きさ
は同じで向きが反対なので、どちらか一方を求めればよい。図3.21に左

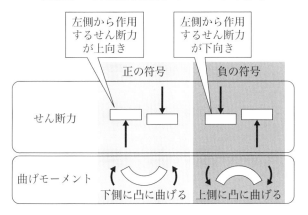

図3.21　せん断力と曲げモーメントの符号

側から作用するせん断力と曲げモーメントを求めるときの符号を示す。

　任意の点におけるせん断力と曲げモーメントも同様にして求めることができる。図3.20において、A点からの距離をxとしたとき、x点のせん断力F_xと曲げモーメントM_xは次式のようになる。

AC間　$(0 \leqq x < a)$

$$F_x = R_A$$

$$M_x = R_A x$$

CB間　$(a \leqq x < l)$

$$F_x = R_A - P$$

$$M_x = R_A x - P(a - x)$$

　上式は、xの関数となっており、任意のxにおけるせん断力および曲げモーメントを求めることができる。せん断力と曲げモーメントを図示したものをせん断力図および曲げモーメント図と呼ぶ。せん断力図や曲げモーメント図は図3.22に示すように、梁の下側に描き、横軸はx、縦軸にはそれぞれの値をとり、各位置におけるせん断力と曲げモーメントの値が分かるように表示する。

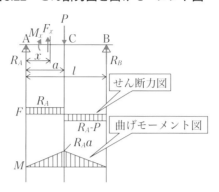

図3.22　せん断力図と曲げモーメント図

3.3　車軸の釣り合いと変形

　車輪が取り付けてある軸を車軸という。たとえば、鉄道車両の台車に設置されており、車両の重量を支えている。いま、簡単な車を考えたときの車軸の釣り合いを考えてみる。

　車軸は図3.23のように軸受を介して車の重量を支えている。車軸の両端には車輪が取り付けてあり、地面からの反力を受ける。したがって、この問題は図3.23のような梁の問題として考えることができる。軸受の位置は、両端からl_1の位置にあり、左右対称に配置されているため、車の自重は左右均等に支えることになる。ここで、車軸で支える重量をWとするとき、車軸にかかる荷重は、それぞれ$W/2$となる。また、車輪が地面から受ける反力も$W/2$となり、いわゆる4点曲げの状態である。

　せん断力図と曲げモーメント図を描くと、図3.23となる。4点曲げでは、2つの荷重間ではせん断力はゼロとなり、曲げモーメントは一定となるのが特徴である。荷重間の曲げモーメントの大きさは、$W/2 \times l_1$となり、軸受から突き出している部分の長さに比例する。したがって、曲げ応力を小さくしたい（曲げモーメントを小さくする）場合は、突き出し部の長さを短くするとよい。

　余談になるが、図3.24のように、取付けの不備で左側の方が短くなった場合（$a < c$）を考えてみる。このときの反力は、B点周りのモーメントの釣り合いより、

図3.23　車軸に作用する荷重とせん断力図および曲げモーメント図

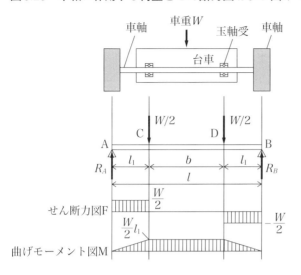

図3.24　車輪が偏った場合のせん断力図および曲げモーメント図

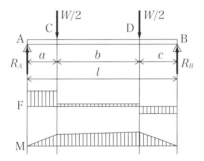

$$-R_A l + \frac{W}{2}(b+c) + \frac{W}{2}c = 0 \qquad \therefore R_A = \frac{W(b+2c)}{2l}$$

となる。同様に、A点周りのモーメントの釣り合いより、

$$R_B l - \frac{W}{2}(a+b) - \frac{W}{2}a = 0 \qquad \therefore R_B = \frac{W(b+2a)}{2l}$$

ここで、$a < c$なので、$R_A > R_B$となる。したがって、その場合のせん断力図および曲げモーメント図は図3.24のようになる。図3.24より、最大曲げモーメントはD点で生じ、その大きさは

$$M_D{'} = \frac{W(b+2a)c}{2l}$$

となる。いま、図3.23の梁において、AC間がδだけ短くなった場合を考えてみる全体の長さはlでCD間の距離は変化しないものとすると、AC間およびDB間の長さは次のようになる。

AB間　$a = l_1 - \delta$

DB間　$c = l_1 + \delta$

したがって、D点の曲げモーメント$M_D{'}$は

$$M_D{'} = \frac{W(b+2a)c}{2l}$$

$$= \frac{W\{b+2(l_1-\delta)\}(l_1+\delta)}{2l}$$

$$= \frac{W}{2l}(b+2l_1-2\delta)(l_1+\delta)$$

$$= \frac{W}{2l}(l-2\delta)(l_1+\delta)$$

$$= \frac{W}{2l}(ll_1+l\delta-2l_1\delta-2\delta^2)$$

$$= \frac{Wl_1}{2} + \frac{W\delta}{2l}\{l-2(l_1+\delta)\}$$

ここで、図3.23においてD点の曲げモーメントM_Dは

$$M_D = \frac{Wl_1}{2} \text{ なので、}$$

$$M{'}_D = M_D + \frac{W\delta}{2l}\{l-2(l_1+\delta)\}$$

また、$l > 2(l_1+\delta)$なので、

$$l-2(l_1+\delta) > 0$$

$$\therefore M{'}_D > M_D$$

となり、設計上の曲げモーメントより大きくなってしまう。また、前後の車輪がずれると運動面で不具合が生じるため、取り付けは精度よくする必

要がある。

3.4　軸のたわみ問題

　伝導軸などの回転する軸では、強度は十分であっても、軸の変形が許容範囲を超えると軸受圧力が不均一になったり、歯車のかみ合いがずれたりという問題が生じ、性能の低下や常摩耗などのトラブルにつながる。したがって、軸のたわみ量も許容範囲に収まるように設計する必要がある。たわみ量は、梁の支持条件と荷重によって式が異なる。代表的な梁のたわみ量の式を表3.2に示す。

　たとえば、歯車の取り付けてある軸を考える。図3.25のように歯車は軸の中央に固定されており、軸の両端を軸受で支持されている。この梁は、支点間の距離（スパン長さ）lの単純支持梁の中央に集中荷重が作用している問題として取り扱うことができる。このとき、最大たわみ量は梁の中央で生じ、その大きさは表3.2より、次式となる。

$$\delta = \frac{Pl^3}{48EI}$$

　ここで、Eは縦弾性係数、Iは梁の断面二次モーメントである。最大たわみ量は、荷重Pに比例する。最大たわみ量を小さくするためには、荷重Pすなわち歯車の重量を小さくする、スパン長さlを小さくする、曲げ強さEIを大きくすることが考えられるが、歯車は、伝達する動力や減速比などの仕様により各部の寸法が決定されるため、軽量化することは難しい。また、曲げ強さEIを大きくするためには、強い材料（Eを大きくする）を採用するか、軸の直径を大きくする（Iを大きくする）ことが考えられるが、強い材料は高コストの場合が多いため簡単には採用できない。軸直径を大きくすると全体の重量が重くなるので限界がある。

　もっとも効果的なのは、スパン長さlを小さくすることで、3乗で効いてくる。たとえば、長さを10％短くした場合は、$0.9^3 l = 0.72l$となり、最大たわみは約30％の小さくなる。

表3.2　梁のたわみ量

梁の種類	最大たわみ δ
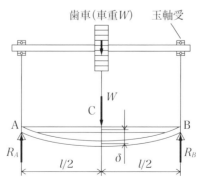 W δ l	$\delta = \dfrac{Wl^3}{3EI}$
W δ a l	$\delta = \dfrac{W(l-a)^3}{3EI} + \dfrac{W(l-a)^2}{2EI}\,a$
δ W R_1 a b R_2 l	$\delta = \dfrac{Wb}{3lEI}\left\{\dfrac{a(a+2b)}{3}\right\}^{\frac{3}{2}}$ 左端より　$\sqrt{\dfrac{a}{3}(a+2b)}$　で最大 荷重が中央に作用する場合　$\delta = \dfrac{Wl^3}{48EI}$
δ w R_1 R_2 l	$\delta = \dfrac{5wl^4}{384EI}$ （中央で最大）

図3.25　はりに生じるたわみ

3.5 例題と演習問題

【問題1】

　図のように、直径 d の円形断面を持つ片持ち梁の先端に集中荷重 P が作用している。このとき、梁に作用する最大曲げモーメントと最大曲げ応力を求めなさい。また、先端たわみを求めなさい。ただし、縦弾性係数を E、断面二次モーメントを I とする。

【解答】

　最大曲げモーメントは固定端で生じ、その大きさは $M = Pl$

　最大曲げ応力は、式（3.4）および表3.1より

$$\sigma = \frac{M}{Z} = \frac{Pl}{\dfrac{\pi d^3}{32}} = \frac{32Pl}{\pi d^3}$$

表3.2より、先端のたわみ δ は

$$\delta = \frac{Pl^3}{3EI} = \frac{Pl^3}{3E\left(\dfrac{\pi d^4}{64}\right)} = \frac{64Pl^3}{3E\pi d^4}$$

【問題2】

　円形断面を有する片持ちばりが図のように等分布荷重を受けているとき、最大曲げモーメントを求め、直径を決定しなさい。ただし、許容応力を60MPaとし、円の断面係数は $Z = \pi d^3/32$ で与えられる。

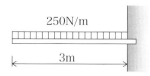

【解答】

　等分布荷重は、分布している範囲の中央に作用している集中荷重に置き換える。すなわち、左端より1.5mの位置に$250 \times 3 = 750$Nの集中荷重が作用しているものとして考える。

　したがって、最大曲げモーメントは固定端で生じ、その大きさは

$$M_{\max} = 750 \times 1.5 = 1125\text{Nm}$$

$$\sigma = \frac{M}{Z} = \frac{M}{\dfrac{\pi d^3}{32}} = \sigma_a$$

$$d = \left(\frac{32M}{\pi \sigma_a}\right)^{\frac{1}{3}} = \left(\frac{32 \times 1125}{\pi \times 60 \times 10^6}\right)^{\frac{1}{3}} = 0.0576\text{m} = 57.6\text{mm}$$

【問題3】

　図のような断面を持つ梁を鉛直方向に曲げようとするとき（断面のN−N軸が中立軸となる）、**a**と**b**のどちらの向きで用いた方が、より大きな曲げモーメントに耐えられるのか答えなさい。ただし、**H = 2B**とする。

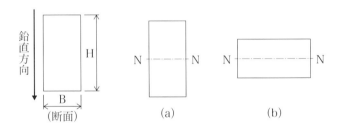

【解答】

　曲げ応力は$\sigma = \dfrac{M}{Z}$で与えられるため、断面係数Zが大きいほどσは小さくなる。すなわち、より大きな曲げモーメントに耐えられることになる。

　長方形断面の断面係数は、表3.1より、$Z = \dfrac{bh^2}{6}$なので、aとbの断面係数は

$$Z_a = \frac{BH^2}{6} = \frac{B(2B)^2}{6} = \frac{4B^3}{6}$$

$$Z_b = \frac{HB^2}{6} = \frac{2BB^2}{6} = \frac{2B^3}{6}$$

したがって、$Z_a = 2Z_b$ となり、a断面の方がb断面より2倍大きな曲げモーメントに耐えられる。

4 | ねじれ変形

4.1　ねじれ変形の3要素（せん断荷重、トルク、ねじり断面係数）

丸棒にねじりを加えるとねじれ変形を生じる。たとえば、雑巾を両手で絞ることを考えてみる。洗った雑巾を絞る場合は、適当な厚みになるように折った雑巾の端を両手で持ち、ねじりを加える。すると、雑巾はらせん状にねじられることによって、内部の水が排出される。

このとき、両手で加えるねじりのことをトルクといい、さらに固く絞る場合には、このねじりを大きくすればよい。このような変形は、丸棒にトルクが作用したときも同様に生じ、これをねじれ変形という。このとき、断面にはねじり応力が作用しており、次式で表される。

$$\tau = \frac{T}{Z_p} \qquad (3.5)$$

ここで、τはねじり応力、Tはトルク、Z_pはねじり断面係数を表す。ねじれ変形においては、棒の断面はずれ変形を生じており、せん断応力が作用している。その大きさは、図3.26のように棒の中心からの距離に比例しているため、表面で最大となる。

また、ねじれ変形により丸棒端面上のA点がA′点に移動したときの回転角 θ をねじり角といい、次式で表される。

$$\theta = \frac{Tl}{GI_p} \qquad (3.6)$$

ここで、Gはせん断弾性係数、I_pは断面二次極モーメントを表す。

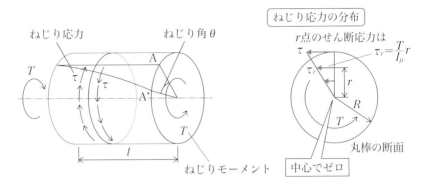

図3.26　ねじれ変形

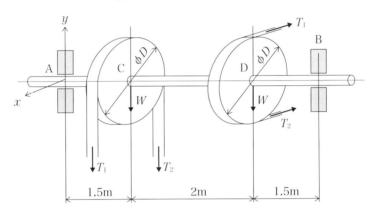

図3.27　伝導軸のねじれ変形

4.2　伝導軸のねじれ

　ねじれ変形を生じる例として伝導軸がある。図3.27のように直径$D=$80cmで重さ$W=500$Nの同一のベルト車2個をC、Dに持つ軸（円形断面）が、A、Bで支持されている。ベルト張力は引張り側で$T_1=1500$N、ゆるみ側で$T_2=500$Nである。軸材の許容引張り応力を$\sigma_a=60$MPa、許容せん断応力を$\tau_a=40$MPaとするとき、必要な軸径を求めたい。

　まず、軸に作用するねじりモーメントを求める。ねじりモーメントは、CD間に作用し、その大きさは次式となる。

$$T=T_1\times D/2-T_2\times D/2=1500\times0.4-500\times0.4=400\text{Nm}$$

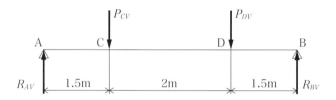

図3.28　鉛直方向

　次に、軸に作用する曲げモーメントを求める。この軸には重量物である
ベルト車が取り付けてあるため、曲がり変形を生じる。図3.27では、鉛
直方向にベルト車の重量とベルト車Cの張力が作用しており、水平方向に
はベルト車Dの張力が作用しているため、それぞれの方向で曲げモーメン
トを求めた後に合成する。

　鉛直方向に作用する垂直荷重は梁の問題として考える（図3.28）。このと
き、C点およびD点に鉛直方向に作用する集中荷重P_{CV}、P_{DV}は次式となる。

$$P_{CV} = T_1 + T_2 + W = 1500 + 500 + 500 = 2500\text{N}$$

$$P_{DV} = W = 500\text{N}$$

A点およびB点の反力R_A、R_Bの鉛直方向成分R_{AV}、R_{BV}を求める。A点
周りのモーメントと釣り合いを考えると次式となる。

$$R_{BV} \times 5 - P_{DV} \times 3.5 - P_{CV} \times 1.5 = 0$$

$$\therefore R_{BV} = (500 \times 3.5 + 2500 \times 1.5) / 5 = 1100\text{N}$$

鉛直方向の力の釣り合いより、

$$R_{AV} + R_{BV} - P_{CV} - P_{DV} = 0$$

$$\therefore R_{AV} = P_{CV} + P_{DV} - R_{BV} = 2500 + 500 - 1100 = 1900\text{N}$$

よって、C点、D点に作用する曲げモーメントは次式となる。

$$M_{CV} = R_{AV} \times 1.5 = 1900 \times 1.5 = 2850\text{Nm}$$

$$M_{DV} = R_{BV} \times 1.5 = 1100 \times 1.5 = 1650\text{Nm}$$

同様にして、水平方向に作用する曲げモーメントを求める（図3.29）。
C点およびD点に水平方向に作用する集中荷重P_{CH}、P_{DH}は次式となる。

$$P_{CH} = 0\text{N}$$

$$P_{DH} = T_1 + T_2 = 2000\text{N}$$

図3.29　水平方向（下から見た図）

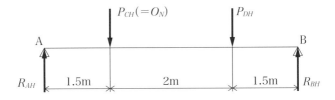

A点およびB点の反力R_{AH}、R_{BH}を求める。A点周りのモーメントと釣り合いを考えると次式となる。

$$R_{BH} \times 5 - P_{DH} \times 3.5 - P_{CH} \times 1.5 = 0$$

$$\therefore R_{BH} = (2000 \times 3.5 + 0 \times 1.5)/5 = 1400\text{N}$$

水平方向の力の釣り合いより、

$$R_{AH} + R_{BH} - P_{CH} - P_{DH} = 0$$

$$\therefore R_{AH} = P_{CH} + P_{DH} - R_{BH} = 0 + 2000 - 1400 = 600\text{N}$$

よって、C点、D点に作用する曲げモーメントは次式となる。

$$M_{CH} = R_{AH} \times 1.5 = 600 \times 1.5 = 900\text{Nm}$$

$$M_{DH} = R_{BH} \times 1.5 = 1400 \times 1.5 = 2100\text{Nm}$$

次にC点とD点の曲げモーメントを合成すると次式となる。

$$M_C = \sqrt{M_{CV}^2 + M_{CH}^2} = \sqrt{2850^2 + 900^2} = 2989\text{Nm}$$

$$M_D = \sqrt{M_{DV}^2 + M_{DH}^2} = \sqrt{1650^2 + 2100^2} = 2671\text{Nm}$$

ここで、C点とD点に作用するねじりモーメントは同じなので、M_CとM_Dを比較するとC点が危険断面となる。

曲がり変形とねじり変形を同時に受ける場合は、相当曲げモーメントM_eと相当ねじりモーメントT_eを用いて、軸に作用する曲げ応力σおよびねじり応力τを求める。曲げ応力σは次式で表される。

$$\sigma = \frac{M_e}{Z} \quad \text{ここで、} \quad M_e = \frac{1}{2}\left(M + \sqrt{M^2 + T^2}\right)$$

円形断面の断面係数$Z = \dfrac{\pi d^3}{32}$、許容引張り応力σ_aより、必要な軸径は次式となる。

$$\sigma = \frac{M_e}{\frac{\pi d^3}{32}} = \sigma_a \qquad \therefore d = \left(\frac{32 M_e}{\pi \sigma_a}\right)^{\frac{1}{3}}$$

よって、

$$M_e = \frac{1}{2}\left(2989 + \sqrt{2989^2 + 400^2}\right) = 3002 \text{Nm}$$

$$d = \left(\frac{32 \times 2854}{\pi \times 60 \times 10^6}\right)^{\frac{1}{3}} = 0.07988 \text{m}$$

次にねじり応力τは次式で表される。

$$\tau = \frac{T_e}{Z_p} \quad \text{ここで、} \quad T_e = \sqrt{M^2 + T^2}$$

円形断面の断面係数 $Z_p = \dfrac{\pi d^3}{16}$、許容せん断応力 τ_a より、必要な軸径は次式となる。

$$\tau = \frac{T_e}{\frac{\pi d^3}{16}} = \tau_a \qquad \therefore d = \left(\frac{16 T_e}{\pi \tau_a}\right)^{\frac{1}{3}}$$

よって、$T_e = \sqrt{2989^2 + 400^2} = 3016 \text{Nm}$

$$d = \left(\frac{16 \times 3016}{\pi \times 40 \times 10^6}\right)^{\frac{1}{3}} = 0.07269 \text{m}$$

大きいほうを選択し、$d = 0.07988 \text{m} \fallingdotseq 80 \text{mm}$ となる。

4.3 ばねのたわみ問題

つる巻きコイルばねに引張り荷重が作用するとき、コイル断面に生じる最大せん断応力とコイル全体の伸びを求める。図3.30につる巻きばねを示す。

ここで、コイル素線の直径を d、コイル半径を R、密巻き角を α とする。このつる巻きばねに引張り荷重 P が作用した時、A 断面には、図3.30のように垂直方向上向きの力 P が作用する。このとき、力 P を断面に対して垂直方向成分 P_n および水平方向成分 P_s に分解すると次式で表される。（図3.31）

$$P_n = P\sin\alpha、\quad P_s = P\cos\alpha$$

したがって、断面に生じるせん断応力 τ_1 は、$\tau = P/A$ より

図3.30　つる巻コイルばね

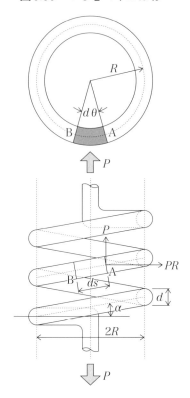

図3.31　A断面に作用する力の分解

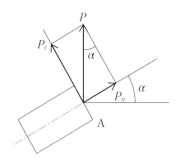

図3.32　A断面に作用するモーメントの分解

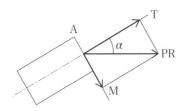

$$\tau_1 = \frac{P\cos\alpha}{\dfrac{\pi d^2}{4}} = \frac{4P\cos\alpha}{\pi d^2}$$

となる。

　次に、断面Aには、PによるモーメントPRが作用する。モーメントPRを断面に対して垂直方向成分Tおよび水平方向成分Mに分解すると次式で表される。

$$T = PR\cos\alpha、\quad M = PR\sin\alpha$$

　ここで、Tは素線dsに作用するねじりモーメント、Mは素線dsに作用する曲げモーメントである。このねじりモーメントにより断面に生じる最大せん断応力τ_2は次式で表される。

$$\tau_2 = \frac{T}{Z_p} = \frac{PR\cos\alpha}{\dfrac{\pi d^3}{16}} = \frac{16PR\cos\alpha}{\pi d^3}$$

　さて、断面Aには、図3.33のようにτ_1とτ_2が同時に作用しているが、τ_2は円周方向に作用するため、位置によってτ_1とτ_2は強め合ったり弱めあったりする。重ね合わせたときにせん断応力が最大となるのは、コイルの中心側であり、その大きさは、次式で表される。

$$\tau_{\max} = \tau_1 + \tau_2 = \frac{4P\cos\alpha}{\pi d^2} + \frac{16PR\cos\alpha}{\pi d^3} = \frac{16PR\cos\alpha}{\pi d^3}\left(\frac{d}{4R} + 1\right)$$

　ここで、$d < R$なので、1に比べて$d/4R$は非常に小さいため無視できる。

$$\tau_{\max} = \frac{16PR\cos\alpha}{\pi d^3}$$

　次に、コイル全体の伸びを求める。素線の微小長さdsのねじり角$d\phi$

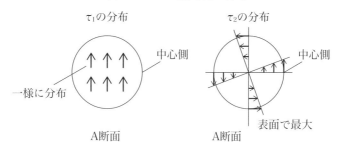

図3.33　せん断応力の分布

τ_1の分布　　　　　　　　τ_2の分布

中心側　　　　中心側

一様に分布　　　　　　表面で最大

A断面　　　　　A断面

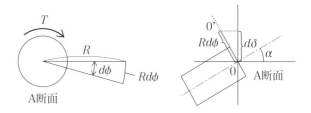

図3.34　A断面の移動

T

R

$d\phi$

$Rd\phi$

A断面

$Rd\phi$　$d\delta$　α

A断面

は、$\theta = \dfrac{Tl}{GI_p}$ より、

$$d\phi = \frac{PR\cos\alpha}{GI_p}\,ds$$

このねじりのために、素線中心は0から0'に$Rd\phi$だけ上昇する（図3.34）。よって、P方向の変位$d\delta$は、P方向成分をとって、

$$d\delta = Rd\phi \cdot \cos\alpha = \frac{PR^2\cos^2\alpha}{GI_p}\,ds$$

ここで、図3.35のようにdsをPと直交する面に投影した$ds\cos\alpha$が$Rd\theta$に等しいので、

$$ds\cos\alpha = Rd\theta \qquad \therefore ds = \frac{Rd\theta}{\cos\alpha}$$

したがって、微小部dsのP方向変位$d\delta$は、

$$d\delta = \frac{PR^2\cos^2\alpha}{GI_p}\frac{Rd\theta}{\cos\alpha} = \frac{PR^3\cos\alpha}{GI_p}\,d\theta$$

よって、巻き数nのコイルの伸びδは、

図3.35　*ds*の投影

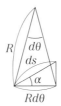

$$\delta = \int_0^l \frac{PR^2\cos^2\alpha}{GI_p}\,ds = n\int_0^{2\pi}\frac{PR^3\cos\alpha}{GI_p}\,d\theta = \frac{nPR^3\cos\alpha}{GI_p}\int_0^{2\pi}d\theta$$

$$= \frac{nPR^3\cos\alpha}{GI_p}\left[\theta\right]_0^{2\pi} = \frac{2n\pi PR^3\cos\alpha}{GI_p}$$

となる。

4.4　例題と演習問題

【問題1】

　直径 *d* = 7cm、長さ *L* = 2m の丸軸にトルク *T* = 2800Nm が作用するとき、軸に生じる最大せん断応力 τ_{max} およびねじり角 θ を求めなさい。ただし、軸のせん断弾性係数を *G* = 78GPa とする。ただし、直径 *d* の円形断面の断面二次極モーメントは、$I_p = \pi d^4/32$ で与えられる。

【解答】

最大せん断応力 τ

$$\tau = \frac{T}{Z_p} = \frac{T}{\dfrac{\pi d^3}{16}} = \frac{16T}{\pi d^3} = \frac{16 \times 2800}{\pi \times 0.07^3} = 41.6\text{MPa}$$

ねじり角 θ

$$\theta = \frac{Tl}{GI_p} = \frac{Tl}{\dfrac{G\pi d^4}{32}} = \frac{32Tl}{G\pi d^4} = \frac{32 \times 2800 \times 2}{78 \times 10^9 \times \pi \times 0.07^4} = 0.0305\text{rad} \quad (1.75°)$$

回転数 $N = 800\text{rpm}$ で9kWを伝える丸軸の直径を求めなさい。ただし、許容せん断応力を $\tau_a = 24.5\text{MPa}$、ねじり断面係数を $Z_p = \pi d^3/16$ とする。

【解答】

動力 P はトルクを T、角速度を ω とおくと $P = T\omega$ で求められる。
したがって、$T = \dfrac{P}{\omega}$ となる。ここで、$\omega = \dfrac{2\pi N}{60}$ なので、

$$T = \frac{P}{\omega} = \frac{P}{\dfrac{2\pi N}{60}} = \frac{60P}{2\pi N} = \frac{60 \times 9000}{2\pi \times 800} = 107.4\text{Nm}$$

最大せん断応力は、

$$\tau = \frac{T}{Z_p} = \frac{T}{\dfrac{\pi d^3}{16}}$$

なので、$\tau = \tau_a$ とすると、必要な直径 d は次式となる。

$$d = \left(\frac{16T}{\pi \tau_a} \right)^{\frac{1}{3}} = \left(\frac{16 \times 107.4}{\pi \times 24.5 \times 10^6} \right)^{\frac{1}{3}} = 0.0281\text{m} = 28.1\text{mm}$$

流体機械への力学の展開
——力学を流体に適用する

第Ⅰ章で明かされた「力」の正体を理解すれば、固体の力学を流体に適用した流体の力学もなじみやすいものになるだろう。その流体の力学をさまざまな用途に応用したものが流体機械である。

なお、近年、実験的立場をとる「水力学」と理論的立場をとる「流体力学」が1つの体系にまとめられてきているので、この第Ⅳ章ではそれを「流体の力学」と表現した。

ここでは、流体機械を利用したり、設計したりする上で基本となる原理や法則などについて解説する。ベルヌーイの定理と呼ばれるエネルギー保存則や運動量保存則は、ポンプや水車など流体機械の作動原理である。また、弁や配管における損失は流体の粘性という性質に起因している。

説明の対象は、流体の中でも比較的取扱いが容易な液体を中心とした。

1 | 流体の力学全般の基礎的事項

本章では、流体の性質、基本的な単位の定義、原理など流体の力学全般の基礎的事項を把握する。

1.1 流体の性質

(1) 物質の3つの状態と流体

物質は置かれた条件により、固体、液体、気体のいずれかの状態で存在する。**流体**とは、それらの状態のうち、力を加えると簡単に形状が変わる性質、すなわち流動性を持つ液体と気体の総称である。液体である水を熱すると、気体である水蒸気になるので、両者は流体と呼ぶ。しかし凍らせた氷は固体であり、流体とは呼ばない。

(2) 固体と流体の違い

固体に圧縮力を加えると縮んで体積がわずかながら小さくなるが、その力を取り去ると元の形と体積に戻る。容器に入れた流体においても同様である（図4.1（a））。

では、物体にずれる方向の力であるせん断力を加えるとどうなるであろうか。固体に**せん断力**を加えると、直方体は平行四辺形に変形するが、その力を取り去ると元の直方体の形に戻る。

一方、流体はせん断力を加えると変形するが、コーヒーに浮かべたミルクの模様と同様、その力を取り去っても元の形には戻らない（図4.1（b））。これが固体と流体の大きな性質の違いである。

また、水や蜂蜜を別の容器に移し替えるとき、流動性の差を感じる（図4.2）。さらさらに見える水も、つるしたバケツに入れて回すと、一緒に回り始める。これは実在の流体がせん断力に対するねばっこさを大なり小なり持っているからであり、この性質を**粘性**という。

粘性を持つ流体を**粘性流体**と呼び、粘性を持たない流体を仮想し、**非粘性流体**と呼ぶ。実在の流体は、縮む方向の力である圧縮力を加えると、大

図4.1　固体と流体の変形の違い

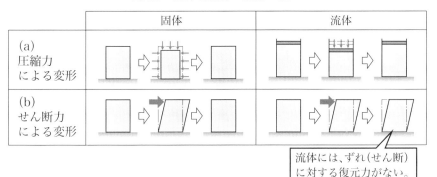

流体には、ずれ(せん断)に対する復元力がない。

図4.2　粘性の違い

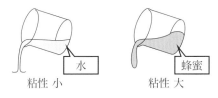

粘性 小　　　　　　　　　粘性 大

なり小なり体積が変化する圧縮性を持っているので**圧縮性流体**と呼び、圧縮性を持たない仮想の流体を**非圧縮性流体**と呼ぶ。流体の圧縮の度合いは、その流体の流速vと音速cの比であるマッハ数$M = v/c$で決まる。$M < 0.3$では、空気を非圧縮性流体とみなすことができる。液体も圧縮されにくいため、非圧縮性流体とみなすことが多い。粘性も圧縮性も持たない流体を考え、これを**理想流体**と呼ぶ。

(3) 質量と密度の関係

　固体に関しては、第Ⅰ章で質量mの物質の速度vや加速度αと力Fの関係などを学んだ。流体の場合は、形が自由に変化するため、この質量mの代わりに、**密度ρ**で力の関係を考察することが多い。単位体積当たりの質量という物理量として計算ができるからである。

　その密度ρは質量mを体積Vで除した物理量で、以下のように表される。

第Ⅳ章　流体機械への力学の展開——力学を流体に適用する

$$\rho = \frac{m}{V} \quad ([\mathrm{kg/m^3}] = [\mathrm{kg}]/[\mathrm{m^3}]) \qquad (4.1)$$

　空気の密度は水の密度の1/800程度である。ただし、温度や圧力が変化すると体積が変化し、密度も変化するので注意が必要である。

　なお、今後は単位を［　］で囲んで表す。詳細は巻末資料を参照してもらいたい。さまざまな単位間の関係を理解し変換できるようになることは、現象の理解に役立つ。

（4）圧力と全圧力

　静止している流体の中に任意の微小面積 A を仮想すると、後述するように、その面を垂直に均等に圧（お）す力、すなわち**圧力**が働く。その圧力 p をまとめたものが A の中心の1点に集中して力 F となってかかるとしたとき、その力 F を**全圧力**と呼ぶ（図4.3）。すなわち、圧力 p と全圧力 F、面積 A との関係は以下のようになる。

$$p = \frac{F}{A} \quad ([\mathrm{Pa}] = [\mathrm{N}]/[\mathrm{m^2}]) \qquad (4.2)$$

したがって、単位面積当たりの全圧力が圧力だともいえる。

　A を小さくしていったとき、比例して小さくなる F との関係を下記の式で表すと、圧力が一様でない場合でも適用できる。

$$p = \lim_{A \to 0} \frac{F}{A} = \frac{dF}{dA} \qquad (4.3)$$

　ここでの $A \to 0$ は、145ページの3.1（1）の微小流体塊程度の大きさまで面積を小さくすることを示す。

図4.3　圧力と全圧力

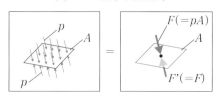

(5) せん断応力とせん断力

微小断面 A に平行な面 A' との間に流体をずらすように均等に働く力を**せん断応力**という。すでに124ページの（2）で説明したせん断力 T とせん断応力 τ の関係は以下のとおりである（図4.4）。

$$\tau = \frac{T}{A} \quad ([\mathrm{Pa}] = [\mathrm{N}]/[\mathrm{m}^2]) \qquad (4.4)$$

したがって、単位面積当たりのせん断力がせん断応力ともいえる。このせん断力・せん断応力はそれぞれ大きさが同じで、上記2面に対し互いに逆方向になるよう働く。このような関係は圧力と全圧力の関係と類似している。

(6) 静止流体の圧力の性質

静止流体にかかる圧力には、以下の性質がある。

① 流体の圧力はその面に垂直に働く。

そのため、図4.5のような容器に穴をあけ、水を入れると、水は容器の面に垂直に飛び出す。

図4.4　せん断応力とせん断力

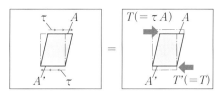

図4.5　圧力の性質①

② 静止している流体内の任意の1点における圧力の大きさは、いずれの方向にも同じである。

そのため、図4.6の任意の点Xを通る任意の面A、B、Cに垂直な圧力 p_A、p_B、p_Cはいずれもそれぞれの面の表裏両方から働いており、それらは作用・反作用の法則により釣り合って、点Xの流体は静止する。

③ 同じ流体内の同じ深さにあるすべての点の圧力は等しい。

図4.7のように、流体の自由表面から深さhの同じ水平面上に任意の2点、A、Bをとり、その圧力をp_A、p_Bとすると、

$$p_A = p_B \qquad (4.5)$$

となる。

④ 流体内の異なる深さにある2つの水平面の圧力の差は、それらを両端とし、垂直に立った単位面積の底面をもつ直方体の流体重量と同じである。

図4.8のように、流体内の鉛直線の上下に任意の微小な水平面E、Fをとり、E、Fを両端とする底面積Sの細長い直方体を考える。

図4.6　圧力の性質②

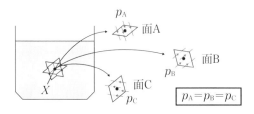

図4.7　圧力の性質③

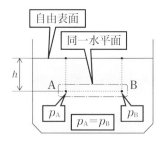
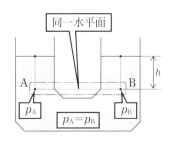

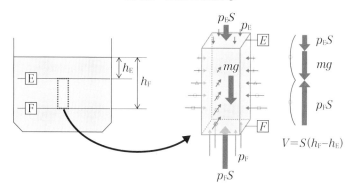

図4.8　圧力の性質④

$V = S(h_F - h_E)$

　このとき、上記②、③の性質から、前後方向には前側面と後側面に、左右方向には右側面と左側面にお互いに反対方向から同じ大きさの全圧力が働くので、釣り合ってこの直方体は水平方向には動かない。

　次に、鉛直方向について考える。直方体の質量を m、重力加速度を g、E、Fでの圧力を p_E、p_F とすると、鉛直方向にも釣り合って動かないので、以下の関係が成り立つ。

$$(p_E S + mg) - (p_F S) = 0 \qquad (4.6)$$

（※ここでは、釣り合っていることを（ある方向の力）−（その逆向きの力）$= 0$ と、表している。）

　これを整理すると、次のようになる。

$$p_F - p_E = \frac{mg}{S} \quad ([\mathrm{Pa}] = [\mathrm{kg}][\mathrm{m/s^2}]/[\mathrm{m^2}]) \qquad (4.7)$$

　このことから、異なる高さにある2つの水平面の圧力の差 $p_F - p_E$ が単位面積当たりの直方体の流体重量 mg/S になることがわかる。

　なお、図4.9のように、E の位置を自由表面に置く（$h_E = 0$）と、$p_E = 0$（ゲージ圧：130ページの（7）参照）となり、式（4.1）より $m = \rho V = \rho S h_F$、$h_F = h$ となるから、式（4.6）は以下のように整理できる。

$$(0S + (\rho S h_F)g) - (p_F S) = 0$$

$$\therefore p_F = \rho g h \qquad (4.8)$$

図4.9　圧力の性質④の補足

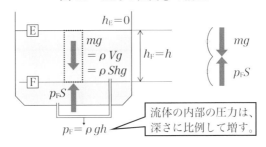

（7）絶対圧・ゲージ圧・標準大気圧間の関係

　絶対圧は完全真空を0とした圧力である。水銀の容器から長い試験管を引き上げたとき、その水銀柱の高さは大気圧と釣り合う。重力加速度がg＝9.80665m/s^{2}の場所で、温度が0℃、密度が13.5951g/cm^{3}の水銀柱が760mmのときの大気圧101.3kPa（絶対圧）を**標準大気圧**と呼び、1atmと表記する（図4.10）。標準大気圧のときの4℃の水柱は10.33mになる（図4.11）。

　ブルドン管などの大気圧を0とした圧力測定器をゲージと呼び、その表示圧力を**ゲージ圧**という。大気圧は気象条件により変化するため、ゲージ

図4.10　水銀柱と大気圧

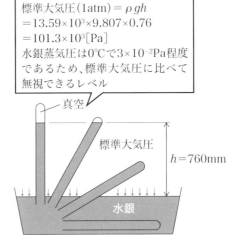

図4.11　標準大気圧時の水柱高さ

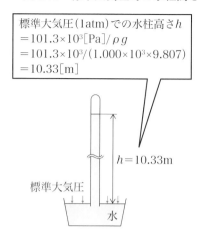

標準大気圧(1atm)での水柱高さh
$= 101.3 \times 10^3 [\mathrm{Pa}] / \rho g$
$= 101.3 \times 10^3 / (1.000 \times 10^3 \times 9.807)$
$= 10.33 [\mathrm{m}]$

$h = 10.33\mathrm{m}$

標準大気圧　　　　水

図4.12　絶対圧とゲージ圧

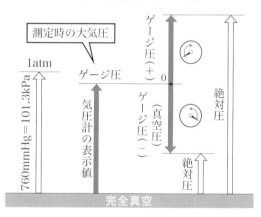

測定時の大気圧

1atm

$760\mathrm{mmHg} = 101.3\mathrm{kPa}$

ゲージ圧

気圧計の表示値

ゲージ圧(＋)

0

ゲージ圧(真空圧)(－)

絶対圧

絶対圧

完全真空

圧を採用するほうが都合がよい場合も多い。図4.12にこれらの関係を示す。

　配管接続時点の大気圧を基準として、ゲージ圧はそれより高くなる方向に、真空圧は低くなる方向に測る。これらの関係は以下のようになる。

　　　絶対圧＝大気圧＋ゲージ圧＝大気圧－真空圧(ゲージ圧(－))　(4.9)

(8) クエット流れと粘度

実在の流体のせん断力は、流動時に必ず発生する粘性による摩擦力（粘性力）と作用・反作用の関係にある。以下、その関係をもとに考察する。

図4.13 (a) のように、微小すきまhだけ離れて平行に対面する面積Aの一対の平板間に流体が満たされて静止しているとする。

いま、下板を固定し上板をせん断力Tで動かすと、図4.13 (b) のように上下板面のα、β近くの流体は板表面の微細な凹凸に衝突し、壁に平行な方向の速度成分を失って動きにくいが、そこから離れるにつれて流動性を増す。この流動性により流体から粘性力Fを受けて、$T=F$で釣り合うと上板は等速度Uで移動する（図4.14 (a)、(b)）。流体が層状になって動く層流の場合、下板から距離yの位置での流速uは、

$$u = \frac{y}{h} U \quad ([\text{m/s}] = [\text{m}][\text{m/s}]/[\text{m}]) \quad (4.10)$$

となる。したがって、

$$\frac{u}{y} = \frac{U}{h} \quad (4.11)$$

となる。このような速度勾配一定の流れを**クエット流れ**と呼ぶ（図4.14

図4.13　平行平板とその近くの流体運動

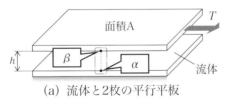

（a）流体と2枚の平行平板

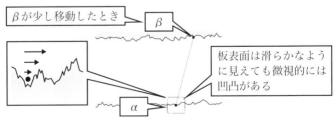

（b）板近傍の流体運動のイメージ

(b))。また、上記2平板の中の流体層に生じるせん断応力τは、直線的な速度勾配u/yに比例することがわかっているため、ある比例定数μを介して式（4.11）から、以下の式が導かれる。

$$\tau = \mu \frac{u}{y} = \mu \frac{U}{h} \qquad (4.12)$$

したがって、式（4.4）、（4.12）より、上方の板によるせん断力Tは次のようになる。

$$T = \tau A = \mu A \frac{u}{y} = \mu A \frac{U}{h} \qquad (4.13)$$

この比例定数μを**粘度**または**粘性係数**と呼ぶ。μの単位は以下のようになる。

$$\mu = \frac{\tau}{\left(\dfrac{u}{y}\right)} \quad \left([\mathrm{Pa \cdot s}] = \frac{[\mathrm{Pa}]}{\left(\dfrac{[\mathrm{m/s}]}{[\mathrm{m}]}\right)}\right) \qquad (4.14)$$

図4.14　力の釣り合いとクエット流れ

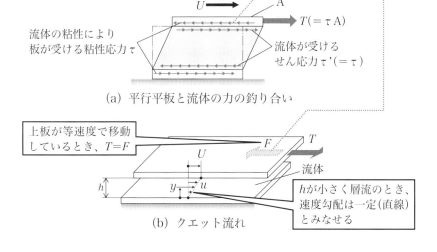

流体の粘性により板が受ける粘性応力τ

$T(= \tau A)$

流体が受けるせん応力τ'（= τ）

（a）平行平板と流体の力の釣り合い

上板が等速度で移動しているとき、T=F

F　T

U

流体

h　y　u

hが小さく層流のとき、速度勾配は一定（直線）とみなせる

（b）クエット流れ

(9) ニュートンの粘性法則

（8）の考察を発展させ、時間的に変化しない定常流（146ページの3.1
（2）参照）の中に高さyと$y+\varDelta y$の2枚の仮想の板ではさまれた流体の
薄い層を考える（図4.15）。層の面積をAとし、この2面の速度差$\varDelta u$に
よって生まれる粘性力をF、せん断力をTとすれば、式（4.13）のhを$\varDelta y$
に、Uを$\varDelta u$に置き換えた次式で表現できる。

$$F = T = \mu A \frac{\varDelta u}{\varDelta y} \qquad (4.15)$$

$$\text{すなわち、} \quad \tau = \mu \frac{\varDelta u}{\varDelta y} \qquad (4.16)$$

ここで、$\varDelta y$を無限小に近づけると$\varDelta u$も比例して小さくなり、仮想面
に働くせん断応力τは以下の式で表され、これを**ニュートンの粘性法則**と
呼ぶ。

$$\tau = \mu \frac{du}{dy} \qquad (4.17)$$

ニュートンの粘性法則に従う流体、すなわちせん断応力τが速度勾配
du/dyに比例する。この$\mu =$一定の流体を**ニュートン流体**と呼び、水、空
気、蜂蜜などがある。また、この比例関係が成り立たない（すなわち$\mu \neq$
一定の）流体を**非ニュートン流体**と呼ぶ。

図4.15　粘性流体の定常流

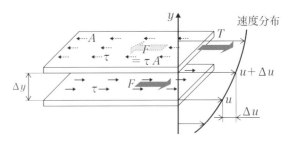

(10) 動粘度

流動状態で粘性の影響を検討するときは、以下の式のように粘度μを密度ρで割った**動粘度**（または**動粘性係数**）νで表すことが有効である。

$$\nu = \frac{\mu}{\rho} \left([\mathrm{m^2/s}] = \frac{[\mathrm{Pa \cdot s}]}{[\mathrm{kg/m^3}]} = \frac{\{[\mathrm{kg \cdot m/s^2}]/[\mathrm{m^2}]\} \cdot [\mathrm{s}]}{[\mathrm{kg/m^3}]} \right) \quad (4.18)$$

密度は、現在の運動状態を保とうとする力（慣性力）の源である質量に比例する。密度が小さい流体は、慣性力も小さいため止まりやすく、流体運動に対する粘性の影響度（動粘度）は大きい。そのため、同じ速度で固体壁と接する流れでは、水より空気の方が減速されやすい。

なお、粘度μ、動粘度νに慣用単位ポアズ［P］、ストークス［St］、またはそれらの1/100の単位であるセンチポアズ［cP］、センチストークス［cSt］を用いることがある。

粘　度μ：$1\mathrm{cP} = 10^{-2}\,\mathrm{P} = 1 \times 10^{-3}\,\mathrm{Pa \cdot s}$

動粘度ν：$1\mathrm{cSt} = 10^{-2}\,\mathrm{St} = 1 \times 10^{-6}\,\mathrm{m^2/s}$

(11) 物体に働く力

強い風に向かって歩こうとすると正面から風圧を感じ、袖がなびくことで粘性力を感じるであろう。また、風に対して体を斜めにすると、風と直角方向にも力を感じる。このようなことを整理し、物体に働く力を流れUの方向の成分Dと、これに垂直な方向の成分Lに分解して、Dを**抗力**、Lを**揚力**と呼ぶ（図4.16（a））。これらはいずれも動圧$\rho U^2/2$（154ページの3.2（5）参照）と基準面積Aを用いて、以下のように表される。

$$D = C_D A \, \frac{\rho U^2}{2} \quad (4.19)$$

$$L = C_L A \, \frac{\rho U^2}{2} \quad (4.20)$$

基準面積Aは、一般に流れに対して垂直な面に物体を投影した面積を採用する。

C_Dは抗力係数、C_Lは揚力係数と呼ばれ、いずれも無次元量である。このうち、抗力に関しては、図4.16（b）のように、以下の2種類の抵抗を

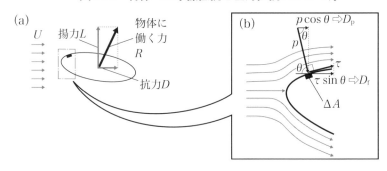

図4.16　物体への摩擦抵抗と圧力抵抗のかかり方

合計した力を受ける。

① 摩擦抵抗（摩擦抗力）

　これは、物体の表面に沿って接線方向に働く粘性力によって生じる。物体表面の微小面積$\varDelta A$に作用するせん断応力をτ、流れUの方向と表面の法線方向との角度をθとすると、この場合の**摩擦抵抗**D_fは以下のようになる。

$$D_f = \int_A \tau \sin\theta dA \,([\text{N}]) \qquad (4.21)$$

（※$\varDelta A$を極限まで小さくし、表面積A全体の$\tau\sin\theta\varDelta A$を合計（積分）すると$D_f$となる）

②圧力抵抗（圧力抗力）

　これは物体の表面の法線方向に働く圧力によって生じる。

　微小面積$\varDelta A$に作用する圧力をpとすると、**圧力抵抗**D_pは以下のようになる。

$$D_p = \int_A p\cos\theta dA \,([\text{N}]) \qquad (4.22)$$

　①、②から、物体が受ける抗力Dは、

$$D = D_f + D_p \,([\text{N}]) \qquad (4.23)$$

となる。

1.2 例題

【例題4.1】

水深20mでの圧力（ゲージ圧）を求めよ。なお、水の密度ρ = 1000kg/m³、重力の加速度g = 9.8m/s²とする。

【解答と解説】

式（4.8）より、

$$p = \rho g h = 1000 \times 9.8 \times 20 = 196000\text{Pa} = 196\text{kPa}$$

【例題4.2】

すきまh = 0.4mmの平行な平板の間に動粘度ν = 20cSt、密度ρ = 970kg/m³の流体が満たされ、幅20cm、長さ30cmの上板が速度U = 0.5m/sでl = 60cm移動した（図4.14（b））。このとき流体に働くせん断応力τと移動に必要な力T、この間になした仕事Wと動力Lを求めよ。水の密度ρ_w = 1000kg/m³とする。

【解答と解説】

式（4.18）より、$\mu = \nu\rho = (20 \times 10^{-6}) \times 970 = 0.0194\text{Pa}\cdot\text{s}$

式（4.12）より、$\tau = \mu U/h = 0.0194 \times 0.5/0.0004 = 24.25\text{Pa}$

式（4.13）より、$T = \tau A = 24.25 \times (0.2 \times 0.3) = 1.455\text{N}$

仕事W = 力T × 移動距離l = 1.455 × 0.6 = 0.873J

動力L = 仕事/それに要した時間 = $W/t = Tl/t = TU = 1.455 \times 0.5 = 0.7275W$

2　流体の静力学 ─油圧・空気圧システムへの応用原理

　流体が、静止しているか、運動していても流体塊同士の相対的な運動のない場合の力学を流体の静力学と呼ぶ。油圧・空気圧システムなどはこれを応用したものである。その原理の具体的な内容を学習する。

2.1　パスカルの原理と液圧システムの3要素（圧力・面積・力）

　容器内の流体の一部に圧力を加えると、すべての点に同じ値だけ圧力が伝わる。これを**パスカルの原理**と呼ぶ。

　図4.17のように、質量のないピストンの断面積をA_1、A_2（$=nA_1$）とし、両ピストンとも無荷重の状態からA_1のピストンに力F_1を加えたときのA_2のピストンに伝わる力F_2を求める。このとき、A_1にもA_2にも内部の圧力が同じ値pだけ増えるため、以下の全圧力の式が成り立つ。

$$F_1 = pA_1 \quad (4.24)$$
$$F_2 = pA_2 \quad (4.25)$$

これらの式から、次のような関係があることがわかる。

$$F_2 = F_1 \frac{A_2}{A_1} = F_1 \frac{nA_1}{A_1} = nF_1 \quad (4.26)$$

すなわち、A_2をA_1のn倍大きく設定すれば、F_1のn倍の力が得られることになる。これが油圧プレスなどの液圧システムの作動原理である。

　なお、このときA_1、A_2の移動距離をL_1、L_2とすると、（A_1を押し下げた体積）＝（A_2を押し上げた体積）となるので、以下の関係が成り立つ。

$$A_1 L_1 = A_2 L_2 = (nA_1) L_2 = (nA_1)\left(\frac{1}{n} L_1 \right) \quad (4.27)$$

これは、A_2をA_1のn倍大きく設定すれば、L_2はL_1の1/nになることを意味する。

　また、この条件において、摩擦損失がないとすると、ピストンA_1がな

図4.17　パスカルの原理と水圧機

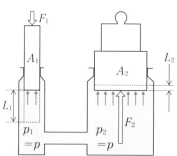

した仕事 W_1 は、

$$W_1 = F_1 L_1 \quad ([\mathrm{J}] = [\mathrm{N}][\mathrm{m}]) \qquad (4.28)$$

ピストン A_2 が錘を押し上げるのに要した仕事 W_2 は、

$$W_2 = F_2 L_2 = (nF_1)\left(\frac{1}{n}L_1\right) = F_1 L_1 \qquad (4.29)$$

すなわち、ピストン A_1 がなした仕事 W_1 とピストン A_2 がなした仕事 W_2 は等しくなる。

以上の考察をまとめると、油圧プレスをはじめとする液圧システムの作動原理は、以下の式を構成する3要素、圧力 p、面積 A、力 F の関係式 (4.2) に帰することがわかる。

$$F = pA \qquad (4.30)$$

2.2 液圧システムの特徴

(1) 液圧システムの構造例

代表的な液圧システムの例として、油圧システムの構成例を図4.18に、油圧プレスの構造例を図4.19に示す。

配管内の流れが乱流になると、流体内部の摩擦抵抗や管壁面粗さに関する摩擦抵抗などが急増する。そのため、層流になるよう管径と流速を決めることが望ましい（層流・乱流については、4.1参照）。

図4.18　油圧システムの構成例

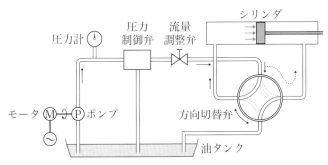

図4.19　油圧プレスの構造例

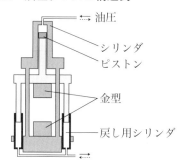

・油圧
シリンダ
ピストン
金型
戻し用シリンダ

（2）液圧システムの長所・短所

　パスカルの原理で作動する機器という観点から、液圧システムに空圧も含めて説明する。

①油圧システム

　建設機械・工作機械など、大きな力を必要とする機器に多用されている。

〈長所〉

・単純な構造で大きな力が得られる

・駆動部への供給流量を変えるだけで無段変速ができる

・圧力制御弁（リリーフ弁）により過負荷防止が容易にできる

・電動モータに比べて質量当たりの出力が大きい

〈短所〉

・微小な汚染物質（コンタミネーション）が摺動部を削り、油漏れを引き起こす。また、ピストンなどの駆動部のすきまにひっかかって作動不良を引き起こす

・油温が上昇すると粘度が低下し、油漏れ量が多くなったり、作動速度が変化する

②水圧システム

　機械の洗浄を頻繁に行う食品機械や清浄性が求められる半導体関連機器に使用されている。

〈長所〉

・油に比べてクリーンである

・リリーフ弁により過負荷防止が容易にできる

〈短所〉

・水と金属との接触によりさびが発生する

・油に比べ粘度が1/30〜1/60のため、漏れ量を抑える対策が必要

③空圧システム

　生産設備、ロボット、医療介護機器などに利用されている。

〈長所〉

・エネルギーの蓄積が容易なため、高速作動が可能

・配管系の管理が容易。作動媒体が空気であるため、漏れても周囲を汚す
　ことがない

〈短所〉

・空気は粘性が低いため、潤滑性も乏しく、摺動部の摩耗防止に配慮が必
　要である

2.3　浮力・アルキメデスの原理

(1) 浮力

　静止している流体のもう1つの性質として、浮力がある。プールの中で
は体が軽くなったように感じる。これは浮力が働いたからである。流体中
にある物質は全表面で流体から圧力を受けている。このとき、圧力の性質
から、次のことがいえる。

　物体の側面から働く圧力は前後左右で釣り合うが、物体の下面で上向き
に働く圧力は、物体の上面で下向きに働く圧力より大きくなる。そのた
め、鉛直上向きに全圧力が生まれ、これが**浮力**となる。

(2) アルキメデスの原理

　図4.20のように液体Aの中につられた物体B（高さh、底面積S）につ
いて、浮力の考察を続ける。物体Bにかかる重力をmgとし、つられた糸
の張力をTとすると、その差Xが浮力となる。そして、物体Bの体積を

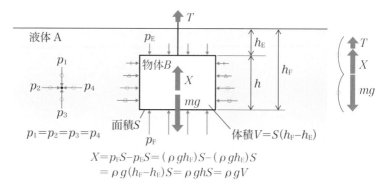

図4.20　物体の浮力と液体の浮力

V、流体 A の密度を ρ とすると、浮力 $X = \rho gV$（排除した液体の重量）となる。

この理由は次のようになる。

1.1（6）の圧力の性質②③から、水平方向には前後、左右とも釣り合っているため物体 B は動かない。一方、垂直方向にも動かないので、釣り合いの関係から次の式が成り立つ。

$$X + T - mg = 0 \qquad (4.31)$$

圧力の性質④と式（4.8）、$V = hS$ の関係から、

$$X = p_F S - p_E S = (\rho gh_F)S - (\rho gh_E)S = \rho g(h_F - h_E)S = \rho ghS = \rho gV$$

$$(4.32)$$

このことから、流体内の物体に働く浮力の大きさは排除した流体の重量で、方向は鉛直上方となる。これを**アルキメデスの原理**と呼ぶ。

2.4 例題

【例題4.3】

　図4.21（a）のように、加圧空気を入れた容器と水を満たしたU字管マノメーターが接続されている。容器の中心とAの水位との距離をH_1、AとCの水位差をH_2、大気圧をp_a、加圧空気の密度をρ、水の密度をρ_w、としたとき、容器内の絶対圧力p、ゲージ圧p_gを求める式を導け。また、水の密度$\rho_w = 1000 \mathrm{kg/m^3}$、重力の加速度$g = 9.8\mathrm{m/s^2}$、$H_1 = 40\mathrm{cm}$、$H_2 = 50\mathrm{cm}$、$\rho_w \gg \rho$としたときの$p_g$を求めよ。

【解答と解説】

　点Aにかかる下向きの圧力は、容器内の圧力pと高さH_1の空気の単位面積当たり重量の合計。これが点Aを上向きに圧す圧力p_Aと釣り合っている（図4.21（b））。

$$p_A - (p + \rho g H_1) = 0 \cdots \cdots ①$$

点Aと同一水平面上の点Bにかかる下向きの圧力は、大気圧p_aと高さH_2の水の単位面積当たり重量の合計。これが点Bを上向きに圧す圧力p_Bと釣り合っている。

$$p_B - (p_a + \rho_w g H_2) = 0 \cdots \cdots ②$$

　一方、圧力の性質から、同一水平面上の圧力は等しいため、点AとBの圧力$P_A = P_B$となる。したがって、①、②から

図4.21　U字管マノメータと力の釣り合い

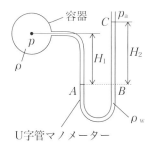

U字管マノメーター

（a）U字管マノメーター

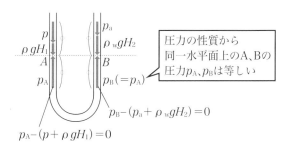

> 圧力の性質から
> 同一水平面上のA、Bの
> 圧力p_A, p_Bは等しい

$$p_B - (p_a + \rho_w g H_2) = 0$$
$$p_A - (p + \rho g H_1) = 0$$

（b）力の釣り合い

$$p = p_a + \rho_w g H_2 - \rho g H_1$$

さらに、$p = p_a + p_g$ の関係から、

$$p_a + p_g = p_a + \rho_w g H_2 - \rho g H_1$$

$$\therefore p_g = (\rho_w H_2 - \rho H_1) g$$

$\rho_w \gg \rho \fallingdotseq 0$ とみなして、$p_g = (\rho_w H_2) g = (1000 \times 0.5) \times 9.8 = 4900 Pa$

【例題4.4】

　水（重量 $W_w = 2\mathrm{kgf}$）で満たした容器（重量 $W_c = 1\mathrm{kgf}$）をはかりに乗せ、上からばねばかりにつるした錘（体積 $V = 0.2\mathrm{L}$、重量 $W_0 = 0.5\mathrm{kgf}$）を水中にとどめると、はかりの目盛 $S[\mathrm{kgf}]$ とばねばかりの目盛 $T[\mathrm{kgf}]$ はどのように変化するだろうか？　水の密度 $\rho = 1000\mathrm{kg/m}^3$ とする。

※重量 $W[\mathrm{kgf}] = $ 質量 $m[\mathrm{kg}] \times$ 重力の加速度 $g[\mathrm{m/s}^2] = m[\mathrm{kgf}]$

【解答と解説】

　錘を水中に入れる前後の物理量の添字を1、2、錘が受ける浮力を X $[\mathrm{kgf}]$、それによるばねばかりの変化を $W_f[\mathrm{kgf}]$ とする（図4.22）。

　錘を水中に入れる前、はかりと錘の力の釣り合いは、

$$T_1 = W_0$$

図4.22　浮力に関する力の釣り合い

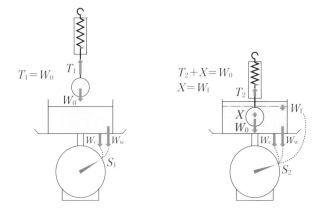

錘を水中に入れた後、はかりと錘の力の釣り合いは、

$T_2 + X = W_0$

浮力 $X = W_f = \rho V g = 1000 \times (0.2/1000)g = 0.2\mathrm{kgf}$

$S_1 = W_c + W_w = 1 + 2 = 3\mathrm{kgf}$

$S_2 = W_c + W_w + W_f = 1 + 2 + 0.2 = 3.2\mathrm{kgf}$

$T_1 = W_o = 0.5\mathrm{kgf}$

$T_2 = W_o - X = 0.5 - 0.2 = 0.3\mathrm{kgf}$

3 | 流体の動力学 ―ウォータージェット加工などへの応用原理

第2章では流体の静止状態について考えた。この章では、さらに進んで流体が運動しているときの挙動、すなわち流体の動力学について考える。

3.1 流体の動力学の基礎知識

(1) 連続体

図4.23のように、液体や気体は、分子が他の分子と衝突を繰り返しながら自由に空間を動き回る粒子性を持つので、厳密には連続体とはいえない。しかし、分子が周りの分子とおおよそ一緒に動くときは、質量が切れ目なく連続的に分布する**連続体**とみなせる。

水を例にとると、一辺が1mmの100分の1という微小な直方体（流体

図4.23　流体塊と連続体のイメージ

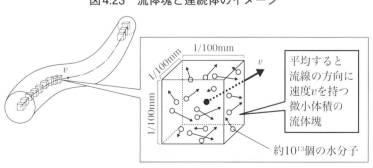

塊）の中にも約10^{13}個ほどの分子が存在し、その個々の分子がランダムな方向と速度で動いている。

しかし、統計的に十分多くの分子があるため、その平均値をとると全体の速度は0になるので、巨視的には静止しているように見える。この状態からそれぞれの分子が全体的に流体塊として動き始めると、その方向に平均速度vという性質を持つことになる。固体を扱う物理では、質点を基準に考えるが、流体を扱う物理では、質点の代わりにこのような微小体積の連続体を基準に考えることでさまざまな現象を整理しやすくしている。

（2）定常流・非定常流

物理量が時間的に変化しない流れを**定常流**という。図4.24（a）のように、蛇口から出る水の流れを蛇口の出口などで定点観測したとき、時間が経っても変化することなく一定速度で流れ続けるのはこの例である。

定常流では、物理量の時間的変化すなわち時間微分はすべて0になる。

一方、時間的に変化する流れは**非定常流**という。図4.24（b）のように、樽から流れ出る水が水位の低下とともに流速も変化するのはこの例である。

（3）一様流・非一様流

ある一方向以外は速度成分が0である流れを**一様流**という。たとえば、図4.25（a）のような2次元空間において、どの場所でもx方向にのみ速度をもち、y方向の速度成分が0の流れはx方向の一様流という。このとき、温度などの物理量の時間微分も0となる。

一方、図4.25（b）のような、場所によって1方向以外にも物理量の成分をもつ流れを**非一様流**という。

（4）流速と流量・質量流量

単位時間当たりに流れる流体の体積を**流量（体積流量）**という。図4.26のように、断面積Aの管内を流速vで流れる流体があるとする。この管のある断面から微小時間Δtの間に流出する流体の体積をΔVとするとき、流体はΔt間に速度vでΔl進むので、以下の関係が成り立つ。

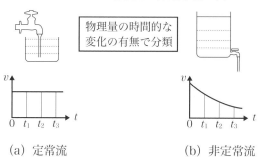

図4.24　定常流・非定常流の例

物理量の時間的な
変化の有無で分類

(a) 定常流　　　　　　　　(b) 非定常流

図4.25　一様流と非一様流

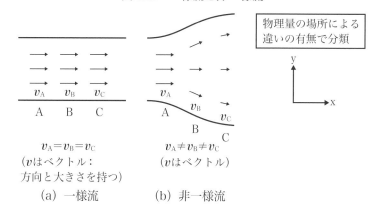

物理量の場所による
違いの有無で分類

$v_A = v_B = v_C$
(vはベクトル：
方向と大きさを持つ)

(a) 一様流

$v_A \neq v_B \neq v_C$
(vはベクトル)

(b) 非一様流

$$\varDelta V = A\, \varDelta l = Av\, \varDelta t$$

したがって、流量Qは以下の式で表される。

$$Q = \frac{\varDelta V}{\varDelta t} = \frac{Av\, \varDelta t}{\varDelta t} = Av \quad ([\mathrm{m^3/s}] = [\mathrm{m^2}][\mathrm{m/s}]) \quad (4.33)$$

この式の流速vは断面内の平均流速である。断面内の流速が変化する場合、

$$Q = \lim_{\varDelta t \to 0} \frac{\varDelta V}{\varDelta t} = \frac{dV}{dt} \quad (4.34)$$

という微分形式の式となる（$\varDelta t$を無限小にしたとき、$\varDelta V$も比例して小さくなり、$\varDelta$がdに変わる）。

単位時間当たりに流れる流体の質量を**質量流量**という。質量をmとす

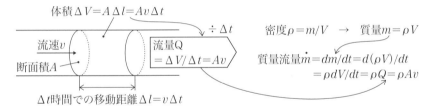

図4.26　流速と流量・質量流量

ると、質量流量 $\dot{m}$ はその定義から以下の式で表される。

$$\dot{m} = \frac{\Delta m}{\Delta t} = \frac{dm}{dt} \quad ([\mathrm{kg/s}] = [\mathrm{kg}]/[\mathrm{s}]) \qquad (4.35)$$

$$\left(※ Q = \frac{\Delta V}{\Delta t} = \frac{dV}{dt} \ \text{と同様の考え方を適用した}\right)$$

ここで、密度 $\rho = m/V$ の関係をもとに、これを変形していくと以下の関係がわかる。

$$\dot{m} = \frac{dm}{dt} = \frac{d(\rho V)}{dt} = \rho \frac{dV}{dt} = \rho Q = \rho A v \qquad (4.36)$$

(5) 流線

図4.27のように、流体中にある線 s を仮想し、ある瞬間にその線上のすべての点における接線 t_i とそれらの点における速度ベクトル $\boldsymbol{v}_i$ の方向とが一致する場合、線 s を**流線**という。流線同士が交差することはない。定常流の場合、流線の形は変わらない。したがって、流線に沿った座標を選ぶと一次元流れとみなして扱うことができ解析しやすくなる。

(6) 流管

流体内にある閉曲線を仮想し、その閉曲線を通る流線によって囲まれた仮想の管を**流管**という（図4.28）。この流管の側壁から出ていく流れも入ってくる流れもない。そのため、固体壁で囲まれているのと同様に扱うことができる。

図4.27　流線

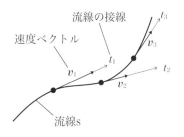

図4.28　流管

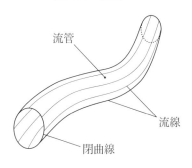

図4.29　流跡線

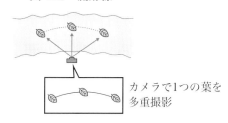

（7）流跡線

　ある1つの微小な流体塊が流されるときの軌跡を**流跡線**という。川に浮かんで流れる1枚の木の葉が作る軌跡はその例である（図4.29）。

（8）流脈線

　ある点を通過した粒子の連なりを**流脈線**という。流れの中に連続して注

図4.30　流脈線

入したインクの筋はこの例である（図4.30）。

3.2　質量保存則・連続の式とエネルギー保存則

（1）検査領域

　流体は固体と違って形を変えるため、その運動を把握しにくい。しかし、流線sの軸方向に沿って、管路の断面や方向が緩やかに変わる場合は、一次元流れとみなし流れの中に仮想の領域を設定することで、流体の力の釣り合いや運動量・エネルギーの保存則を考察しやすくなる。このような領域を**検査領域**または**検査体積**という。

（2）質量保存則

　流体は特定の流体塊を追跡し続けることが難しいため、流管内の定常流に図4.31のような断面X_1と断面X_2で囲まれる検査領域を設け、その検査領域内に流入する質量と流出する質量がどう変化するかに着目する。

　微小時間$\varDelta t$の間に断面X_1から検査領域に質量m_1（質量流量$\dot{m}_1 \times \varDelta t$）が流入する。

　他方、断面X_2から質量m_2（質量流量$\dot{m}_2 \times \varDelta t$）が流出する。そのため、検査領域内の質量の変化$\varDelta m$は以下のように表せる。

$$\varDelta m = m_2 - m_1 = (\dot{m}_2 - \dot{m}_1) \times \varDelta t \qquad (4.37)$$

　定常流では、流体の流入量m_1と流出量m_2が同じであるため、管の破裂や真空の発生などの時間的変化は起こらない。そのため、$\varDelta m = 0$となり、どの断面に検査領域を設定しても、その検査領域内で流体の出入りの質量流量が等しくなる**質量保存則**が成り立つ。すなわち、以下の関係が成り立つといえる。

$$\dot{m}_2 = \dot{m}_1 \qquad (4.38)$$

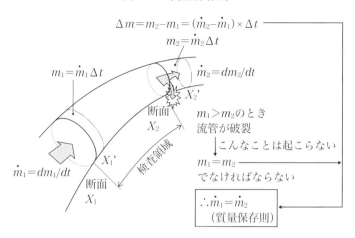

図4.31　質量保存則

(3) 連続の式

　図4.32のような定常流において、検査領域内に流入する流体と流出する流体のΔt時間に進む距離をl_1、l_2、密度をρ_1、ρ_2、流速をv_1、v_2、断面積をA_1、A_2、体積をV_1、V_2とすると、式 (4.1) から、以下のようになる。

$$m_1 = \rho_1 V_1 = \rho_1(l_1 A_1) = \rho_1(v_1 \Delta t A_1) \qquad (4.39)$$

$$m_2 = \rho_2 V_2 = \rho_2(l_2 A_2) = \rho_2(v_2 \Delta t A_2) \qquad (4.40)$$

　両者が等しいので両辺をΔtで除して、質量保存則に関する以下の式が導かれる。

$$\dot{m} = \rho_1 v_1 A_1 = \rho_2 v_2 A_2 \qquad (4.41)$$

　これは流れが途切れることなく連続して流れることを示すので、**連続の式**と呼ぶ。

　圧力による体積変化が少ない（＝密度の変化が少ない）流体を、非圧縮性流体（＝密度が一定）とみなして考察を続ける。

　このとき、$\rho_1 = \rho_2$となるので、流量をQとすると式 (4.41) は以下のようになる。

$$Q = v_1 A_1 = v_2 A_2 \qquad (4.42)$$

　これを**非圧縮性流体の場合の連続の式**と呼ぶ。この式から、密度が一定な定常流においては、どの断面でも流量が一定になることがわかる。した

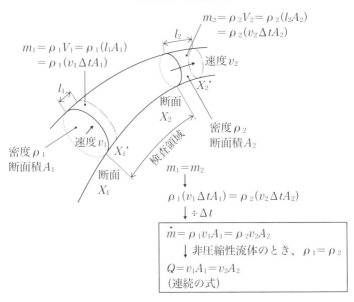

図4.32　連続の式

$m_1 = \rho_1 V_1 = \rho_1 (l_1 A_1)$
$= \rho_1 (v_1 \Delta t A_1)$

$m_2 = \rho_2 V_2 = \rho_2 (l_2 A_2)$
$= \rho_2 (v_2 \Delta t A_2)$

速度 v_2

速度 v_1

密度 ρ_1
断面積 A_1

密度 ρ_2
断面積 A_2

断面 X_2

断面 X_1

X_1'　　X_2'

検査領域

l_1　l_2

$m_1 = m_2$

$\downarrow$

$\rho_1 (v_1 \Delta t A_1) = \rho_2 (v_2 \Delta t A_2)$

$\downarrow \div \Delta t$

$\dot{m} = \rho_1 v_1 A_1 = \rho_2 v_2 A_2$

$\downarrow$ 非圧縮性流体のとき、$\rho_1 = \rho_2$

$Q = v_1 A_1 = v_2 A_2$

（連続の式）

がって、流量が一定であれば、断面積が小さくなるほど流速が大きくなる。

　庭の水撒きで、ホースの先端を指でつぶして流路断面積を小さくすると、流速が大きくなって遠くまで水が飛ぶことは、この連続の式を利用していることになる。

(4) ベルヌーイの定理（流体のエネルギー保存則）

　固体の場合と同様、流体でもエネルギー保存則が成り立つ。以下、それを流管内における理想流体の定常流において考える。

〈条件設定〉

　図4.33のように断面 X_1、断面 X_2 の断面積を A_1、A_2、流速を v_1、v_2、基準水平面からの高さを h_1、h_2 とし、流れの方向から断面積 A_1 にかかる圧力を p_1、流れと逆方向から断面積 A_2 にかかる圧力を p_2 とする。また、ある時刻に $X_1 X_2$ 間にあった流体が、微小時間 Δt 後に X_1'、X_2' に移動したとする。

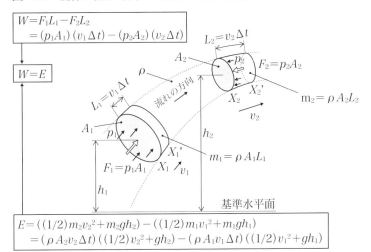

図4.33　流体が微小時間Δtの間に外部から受けた仕事Wと全エネルギーの変化E

$$W=F_1L_1-F_2L_2$$
$$=(p_1A_1)(v_1\Delta t)-(p_2A_2)(v_2\Delta t)$$

$$W=E$$

図中:
$L_2=v_2\Delta t$
A_2
p_2
$F_2=p_2A_2$
ρ
流れの方向
X_2　$X_2{}'$
$m_2=\rho A_2L_2$
v_2
$L_1=v_1\Delta t$
h_2
A_1
p_1
$X_1{}'$
$m_1=\rho A_1L_1$
$F_1=p_1A_1$　X_1　v_1
h_1
基準水平面

$$E=((1/2)m_2v_2{}^2+m_2gh_2)-((1/2)m_1v_1{}^2+m_1gh_1)$$
$$=(\rho A_2v_2\Delta t)((1/2)v_2{}^2+gh_2)-(\rho A_1v_1\Delta t)((1/2)v_1{}^2+gh_1)$$

〈流体が微小時間Δtの間に外部から受けた仕事〉

　このとき、定常流という前提から、この前後で両者が$X_1{}'-X_2$間でなした仕事は変わらず、$X_1X_1{}'$間の流体が$X_2X_2{}'$間に移動したことと同じになる。(図4.33)X_1X_2部分の流体が外部から受ける力は、圧力p_1による全圧力$F_1=p_1A_1$と圧力p_2による逆向きの全圧力$F_2=p_2A_2$である。この流体が微小時間Δtの間に移動した$X_1X_1{}'$間の距離は$L_1=v_1\Delta t$、$X_2X_2{}'$間の距離は$L_2=v_2\Delta t$である。したがって、この流体が微小時間Δtの間に外部から受けた仕事Wは以下のようになる。

$$W=F_1L_1-F_2L_2=(p_1A_1)(v_1\Delta t)-(p_2A_2)(v_2\Delta t) \qquad (4.43)$$

〈流体の力学的エネルギーの変化〉

　式(4.1)と上記の関係から、質量$m=\rho V=\rho AL=\rho Av\Delta t$であるから、固体の場合のエネルギー保存則を流体にも適用すると、流体の力学的エネルギーの変化Eは以下のようになる。

$$E=(\frac{1}{2}m_2v_2{}^2+m_2gh_2)-(\frac{1}{2}m_1v_1{}^2+m_1gh_1) \qquad (4.44)$$

$$=m_2(\frac{1}{2}v_2{}^2+gh_2)-m_1(\frac{1}{2}v_1{}^2+gh_1)$$

第IV章　流体機械への力学の展開——力学を流体に適用する

$$= (\rho A_2 v_2 \varDelta t)\left(\frac{1}{2}v_2{}^2 + gh_2\right) - (\rho A_1 v_1 \varDelta t)\left(\frac{1}{2}v_1{}^2 + gh_1\right) \qquad (4.45)$$

〈連続の式からベルヌーイの定理へ〉

ここで、連続の式 $v_1 A_1 = v_2 A_2$ を適用すれば、式（4.43）、（4.45）は以下のようになる。

$$W = p_1(A_1 v_1)\varDelta t - p_2(A_2 v_2)\varDelta t = A_1 v_1 \varDelta t(p_1 - p_2) \qquad (4.46)$$

$$E = \rho A_1 v_1 \varDelta t \left[\left\{\frac{1}{2}v_2{}^2 + gh_2\right\} - \left\{\frac{1}{2}v_1{}^2 + gh_1\right\}\right] \qquad (4.47)$$

エネルギー保存則により流体が時間 $\varDelta t$ の間に外部から受けた仕事 W と流体の全エネルギーの変化 E は等しい（$W = E$）から、

$$p_1 - p_2 = \rho \left[\left\{\frac{1}{2}v_2{}^2 + gh_2\right\} - \left\{\frac{1}{2}v_1{}^2 + gh_1\right\}\right] \qquad (4.48)$$

これを整理すると、以下の式が得られる。

$$p_1 + \frac{1}{2}\rho v_1{}^2 + \rho g h_1 = p_2 + \frac{1}{2}\rho v_2{}^2 + \rho g h_2 \qquad (4.49)$$

この式から、

$$p + \frac{1}{2}\rho v^2 + \rho g h = 一定$$

という関係がわかり、これを**ベルヌーイの定理**という。この定理の成立する条件は、粘性もなく、圧縮性もない理想流体の定常流の流線上においてである。流量が一定で水平な流路の場合、連続の式より断面積が小さくなると、流速が大きくなる。さらにこの定理により、圧力が小さくなることがわかる。

　以上のことを整理すると、固体と流体のエネルギー保存則の違いは表4.1のようになる。

　また、蛇口から自由落下する水および垂直な円筒管内の水のエネルギー変化は図4.34のようになる。

（5）動圧・静圧

　図4.35のような物体の周りの水平な流れにおいて、物体の正面中央の

表4.1　固体と流体のエネルギー保存則の違い

固体のエネルギー保存則	$\frac{1}{2}mv^2$	$+mgh$		$=$一定
流体のエネルギー保存則 （ベルヌーイの定理）	$\frac{1}{2}\rho v^2$	$+\rho gh$	$+p$	$=$一定
$[Pa]=[N/m^2]=[N\cdot m/m^3]=$ $[J/m^3]$：単位体積当たりのエネルギー	運動 エネルギー	位置 エネルギー	圧力 エネルギー	全 エネルギー

図4.34　水のエネルギー変化

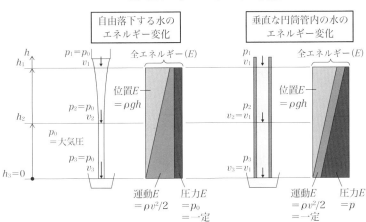

頂点に向かってくる流線を含む微小径の流管を考える。このとき、物体の十分上流の点（1）では流速v_1の一様な流れであるとする。この流れが物体の正面中央の頂点（2）にぶつかると流速v_2は0となる。この点を**よどみ点**という。

　この流管にベルヌーイの定理を適用すると、

（1）、（2）での高さh_1、h_2は$h_1=h_2$となるから、以下の式のようになる。

$$p_1+\frac{1}{2}\rho v_1{}^2=p_2+\frac{1}{2}\rho 0^2 \quad (4.50)$$

$$\therefore p_2-p_1=\frac{1}{2}\rho v_1{}^2 \quad (4.51)$$

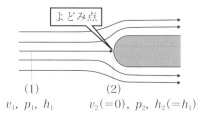

図4.35　物体の周りの水平な流れ

$v_1,\ p_1,\ h_1$　　　　$v_2(=0),\ p_2,\ h_2(=h_1)$

そのため、よどみ点では運動エネルギーがなくなり、それが圧力エネルギーの上昇に変わるが、もともと運動エネルギーであったことから、この $(1/2)\ \rho v_1^2$ を**動圧**と呼ぶ。

また、物体の十分上流の点（1）での圧力 p_1 を**静圧**と呼ぶ。

このとき、

$$p_2 = p_1 + \frac{1}{2} \rho v_1^2 = 静圧 + 動圧 \qquad (4.52)$$

となり、この p_2 を**全圧**と呼ぶ。したがって、水平な流れにおいては「全圧＝静圧＋動圧」の関係となる。

(6) 水頭（ヘッド）

今まで説明してきたベルヌーイの式は、単位体積当たりのエネルギーを表したものなので、これを新たに E として以下のように表すことにする。

$$E = \frac{1}{2} \rho v^2 + \rho g h + p \qquad (4.53)$$

この式の両辺を ρg で割って H とすると、ベルヌーイの定理を長さの単位で表すことができる。

$$H = \frac{1}{2g} v^2 + h + \frac{p}{\rho g} \qquad (4.54)$$

このように長さの単位でエネルギーを表したものを、**水頭（ヘッド）**と呼び、左辺を**全水頭**、右辺の項を順に**速度水頭**、**位置水頭**、**圧力水頭**と呼ぶ。単位は $[\mathrm{m}] = [\mathrm{N \cdot m}]/[\mathrm{N}] = [\mathrm{J}]/[\mathrm{N}]$ と変換できることから、水頭は単位重量当たりのエネルギーを表しているともいえる。

表4.2　ベルヌーイの定理の各種表現

単位体積当たりのエネルギー表示	$E=$	$\dfrac{\rho v^2}{2}$	$+\rho gh$	$+p$	$=$一定
単位： [Pa]=[J]/ [m³]	全 エネルギー (全圧)	運動 エネルギー (動圧)	位置 エネルギー (−)	圧力 エネルギー (静圧)	
長さ(単位重量)でのエネルギー表示	$H=$	$\dfrac{v^2}{2g}$	$+h$	$\dfrac{p}{\rho g}$	$=$一定
単位：[m]	全水頭	速度水頭	位置水頭	圧力水頭	
単位質量当たりのエネルギー表示	$E'=$	$\dfrac{v^2}{2}$	$+gh$	$\dfrac{p}{\rho}$	$=$一定
単位： [J]/[kg]	全 エネルギー	運動 エネルギー	位置 エネルギー	圧力 エネルギー	

$\times \rho g$　　$\times \rho$　　$\div \rho g$　　$\div \rho$

　式（4.53）の両辺をρで割ると、ベルヌーイの定理を単位質量当たりのエネルギーE'で表すことができる。

$$E' = \frac{1}{2}v^2 + gh + \frac{p}{\rho} \qquad (4.55)$$

　以上のことから、これらの式の違いは表4.2のようになる。この変換式がすぐにイメージできるようにしておくと、さまざまな場面で役に立つ。

（7）水撃作用

　管路内を流動している流体が弁で突然閉止されると、弁に至る直前の流体が後続の流体に圧縮され、急激な圧力上昇が起こる。これを**水撃作用**という。蛇口を急に閉じ、ゴンという音がしたときは水撃作用が発生している（図4.36（a））。このときの圧力上昇は圧力波となり、図4.36（b）のように、上流に伝わっていく。弁で発生した圧力波は開口端で反射し、また弁に戻ってくる。管長をl、伝播速度をcとしたとき、この時間tは次の式で表せる。

$$t = \frac{2l}{c} \qquad (4.56)$$

図4.36　水撃発生・伝搬と測定

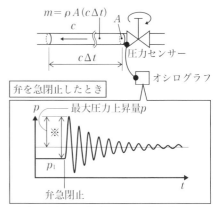

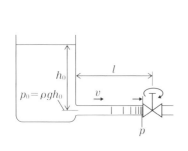

(a) 水撃の発生状況　　　　　(b) 圧力波の伝播状況と水撃値測定

※水道用器具などでは、これを水撃
　による圧力の上昇としている

このtより早く弁を閉止すると急激な圧力上昇が発生する。

急閉止した弁にかかる力Fは、圧力波が単位時間に移動するときの管内の流体の質量をmとすると、

$$F = 質量m \times 加速度\alpha = (\rho A c \varDelta t) \times \frac{v}{(\varDelta t)} = \rho A c v \qquad (4.57)$$

したがって、最大圧力上昇量pは以下の式となる。

$$p = \frac{F}{A} = \rho c v \qquad (4.58)$$

このtよりゆっくり弁を閉止すると、開口端で反射した圧力波が弁のすきまから逃げるため、ゆるやかな圧力上昇となる。

3.3　運動量保存則と噴流の3要素（圧力・力・流量）

(1) 運動量保存則

図4.37のようにキャッチボールをするとき、剛速球をグローブを動かさずに受け止めると衝撃が大きい（ケース1）。しかし、グローブを引きながら受けると衝撃も小さくなり、確実にキャッチできる（ケース2）。

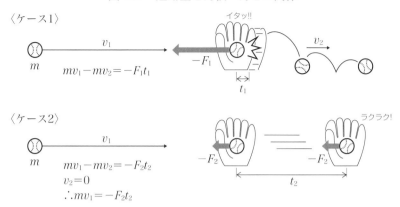

図4.37　運動量と力積・力との関係

〈ケース1〉

v_1

m

$mv_1 - mv_2 = -F_1 t_1$

$-F_1$

イタッ!!

v_2

t_1

〈ケース2〉

v_1

m

$mv_1 - mv_2 = -F_2 t_2$

$v_2 = 0$

$\therefore mv_1 = -F_2 t_2$

$-F_2$

$-F_2$

ラクラク!

t_2

これは球の質量mに速度vをかけた運動量mv（運動の大きさの目安）を、球にブレーキをかける外力$-F$とそれに要した時間tをかけた力積$-Ft$で吸収したと考えることができる。

これを式で表すと以下のようになる。

ケース1：$mv_1 - mv_2 = -F_1 t_1 ([\mathrm{kg}][\mathrm{m/s}]) = [\mathrm{N}][\mathrm{s}])$　　　(4.59)

（Fはvと反対方向のベクトルのため「$-$」）

ケース2：$mv_1 - m \cdot 0 = -F_2 t_2$　　(4.60)

$F_1 > F_2$、$t_1 < t_2$

これを整理すると以下のような式となる。

$Ft = mv_2 - mv_1$　　(4.61)

この両辺をtで割ると、外力Fは運動量mv（$= M$とする）の時間変化であることがわかる。

$$F = \frac{mv_2 - mv_1}{t} = \frac{M_2}{t} - \frac{M_1}{t} = \dot{\mathrm{M}}_2 - \dot{\mathrm{M}}_1 \qquad (4.62)$$

これは、外力が働かなければ（$F = 0$）、$mv_2 = mv_1$となって運動量がそのまま保存され、外力が働けば（$F \neq 0$）、力積の分だけ運動量が変化する**運動量保存則**を表している。

これを直管内の密度$\rho =$一定の流体に適用すると、式(4.1) $m = \rho V$、式(4.33) $Q = V/t$の関係より、

流体機械への力学の展開——力学を流体に適用する

$$F = \frac{mv_2 - mv_1}{t} = \frac{\rho V v_2 - \rho V v_1}{t} = \rho Q v_2 - \rho Q v_1 = \dot{M}_2 - \dot{M}_1 \qquad (4.63)$$

これが**流体の運動量保存則**で、一般的に表すと次のようになる。

$$\underset{\substack{\text{流体におよ} \\ \text{ぼす外力の} \\ \text{合計}}}{\Sigma F_i} = \underset{\substack{\text{単位時間に} \\ \text{流出する} \\ \text{運動量}}}{\dot{M}_2} - \underset{\substack{\text{単位時間に} \\ \text{流入する} \\ \text{運動量}}}{\dot{M}_1} \qquad (4.64)$$

なお、力はベクトル量であるため、x方向、y方向別々に考える必要がある。また、外力としては、重力、圧力、粘性力、検査領域内の物体（管壁など）から流体に及ぼす力などがある。

たとえば、図4.38（a）のような断面積がA_1からA_2に変化する流路で両断面を含む2点鎖線の検査領域を考える。流体はA_1にx方向から流入する。このとき、この検査領域の運動量の単位時間変化（図4.38（b））が管壁から流体に及ぼしている力や断面の全圧力など検査領域外からの外力の合計になる（図4.38（c））と考えられる。重力や粘性力などの影響を無視すると、図4.38（b）、図4.38（c）に記載したこれらの計算から、流体が物体（管壁）に及ぼすx、y方向の力f_x、f_yは、以下のようになる。

$$f_x = (P_{1x} - P_{2x}) - (\dot{M}_{2x} - \dot{M}_{1x})$$
$$= p_1 A_1 - p_2 A_2 \cos\alpha_2 - \rho Q (v_2 \cos\alpha_2 - v_1) \qquad (4.65)$$
$$f_y = (P_{1y} - P_{2y}) - (\dot{M}_{2y} - \dot{M}_{1y}) = -p_2 A_2 \sin\alpha_2 - \rho Q v_2 \sin\alpha_2 \qquad (4.66)$$

図4.38（a）検査領域の設定

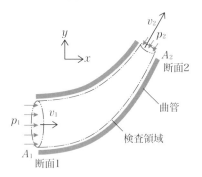

図4.38 （b）運動量の単位時間変化

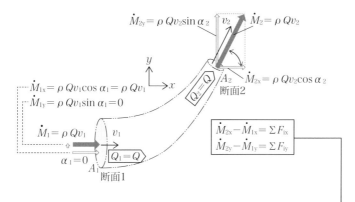

図4.38 （c）外力の合計と流体が物体（管壁）に及ぼす力

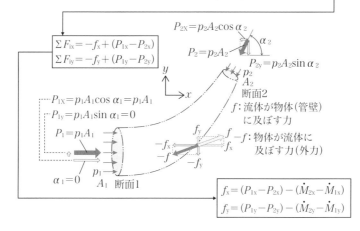

（2）静止する平板に及ぼす噴流の力

　圧力をかけられた流体がノズルから加速されて流出する流れを**噴流**と呼ぶ（図4.39）。水撒きホースのノズルから出た水も噴流で、掌に当てると水の力を感じる。

　以下、このような噴流が静止する平板に及ぼす力Fを求める。

　式（4.63）を別の形に変え、以下の式を得る。

$$F = m\frac{v_2 - v_1}{t} = (v_2 - v_1)\frac{m}{t} \qquad (4.67)$$

図4.39　静止する平板に働く噴流の力

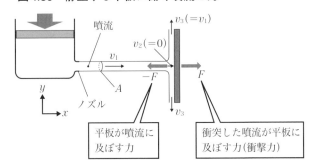

m/tは質量流量であり、$m = \rho$（密度）$\cdot V$（体積）、流量$Q = V/t$であるから、以下の式が成り立つ。

$$F = (v_2 - v_1)\frac{\rho V}{t} = (v_2 - v_1)(\rho Q) \qquad (4.68)$$

この流体の噴流が静止する平板に当たったとき、流体の進行方向の速度$v_2 = 0$となるので、平板が噴流に及ぼす力$-F$は

$$-F = \rho Q v_1 \qquad (4.69)$$

噴流が平板に及ぼす力Fは以下の式となる。

$$F = \rho Q v_1 \qquad (4.70)$$

（3）静止する曲面板に及ぼす噴流の力

図4.40のように、水平方向の噴流が静止している垂直な曲面板の曲面に沿って水平方向に流出する流れを考える。このとき、流入、流出の速度をv_1、v_2、高さをh_1、h_2、圧力をp_1、p_2とすると、ベルヌーイの式（4.49）から、

$$p_1 + \frac{1}{2}\rho v_1{}^2 + \rho g h_1 = p_2 + \frac{1}{2}\rho v_2{}^2 + \rho g h_2 \qquad (4.71)$$

水平な流れのため、$h_1 = h_2$、両者大気圧中なので$p_2 = p_1$（$= 0$：ゲージ圧）となり、結局$v_1 = v_2$となる。

（4.65）、（4.66）より、x方向、y方向へ流体が曲面板に及ぼす噴流の力は、

図4.40　静止する曲面板に及ぼす噴流の力

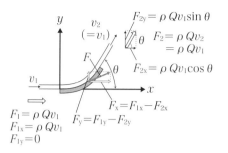

$$F_x = 0 - 0 - (\rho Q v_2 \cos\theta - \rho Q v_1) = \rho Q v_1 (1-\cos\theta) \qquad (4.72)$$

$$F_y = -0 - \rho Q v_2 \sin\theta = -\rho Q v_1 \sin\theta \qquad (4.73)$$

（4）運動している曲面板に及ぼす噴流の力

　水車の水受けを想定し、前節の曲面板が水平 x 方向に速度 u で運動している場合を考える（図4.41）。このとき、噴流の曲面板に対する相対速度 v_1' は、$v_1 - u$ となる。噴流の断面積を A とすると、実際に曲面板に当たる流量 Q' は

$$Q' = A v_1' = A(v_1 - u) \qquad (4.74)$$

したがって、噴流が曲面板に及ぼす x 方向の力 F_x' は、（4.72）を参考にして、

$$\begin{aligned} F_x' &= \rho Q'(v_1-u)(1-\cos\theta) \\ &= \rho A(v_1-u)(v_1-u)(1-\cos\theta) \\ &= \rho A(v_1-u)^2(1-\cos\theta) \qquad (4.75) \end{aligned}$$

同様に、

$$F_y' = -\rho A(v_1-u)^2 \sin\theta \qquad (4.76)$$

図4.42のような曲面板の場合も同じ式が成り立ち、$\theta = 180°$ の場合、

$$F_x' = 2\rho A(v_1-u)^2 \qquad (4.77)$$

この考察はペルトン水車のバケット（水受け）の衝撃力の算出にも適用できる。

図4.41　運動する曲面板に及ぼす噴流の力

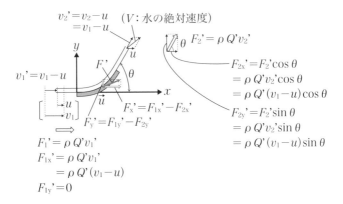

図4.42　お椀型曲面板に及ぼす噴流の力

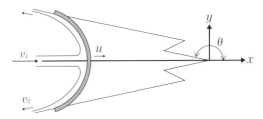

（5）噴流の3要素（圧力・力・流量）

　噴流による衝撃力の例として、静止する平板に及ぼす噴流の力を挙げると、式（4.70）より

　　　　衝撃力$F = \rho Q v_1$である。

　一方、見方を変えると、平板には図4.43のような圧力分布が発生し、その積分値が全圧力として平板を押す力Fとなっている。すなわち、

　　　　衝撃力$F = \int_A p dA$　　　（4.78）

　両者は等しいので、噴流による衝撃力Fは流量Qによってもたらされるが、平板上の圧力pによってもたらされるともいえる。

　噴流による反動力の例として、ノズルに及ぼす噴流の力を挙げると、図4.38（c）において、$p_2 = 0$（ゲージ圧）とおいたときのf_x（式（4.65））、f_y（式（4.66））と考えることができる。

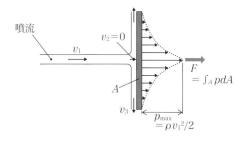

図4.43　噴流の衝撃圧力

$$f_x = p_1 A_1 - (\rho Q v_2 \cos\alpha_2 - \rho Q v_1) \qquad (4.79)$$
$$f_y = -\rho Q v_2 \sin\alpha_2 \qquad (4.80)$$

このように噴流が物体に及ぼす衝撃力においても、反動力においても、圧力pと流量Qが関係するため、**噴流の3要素**は圧力・力・流量といえる。

3.4　ウォータージェット加工の原理

　高い圧力をかけた水をノズルから高速の噴流として放出して物体に当てると、大きな衝撃が物体に加わる。この衝撃により、物体の切断、バリ取り、洗浄、はつりなどを行うのがウォータージェットである（図4.44）。

　ノズルから物体までの距離が遠くなると、噴流コアから液滴、液塊状になるが、ここでは噴流コアの場合を説明する。これは噴流を静止する平板に当てたときと同じであるため、物体にはせき止め圧$p = \rho v^2/2$がかかる。圧力$p =$ 数MPa～1GPaまで圧縮された水が0.1～数mmの径のノズルから$v =$ 数十～千数百m/sで放出され、物体にせき止め圧力が加わり、切断（破砕）される（図4.45）。

図4.44 ウォータージェットの形態（スギノマシンHP）

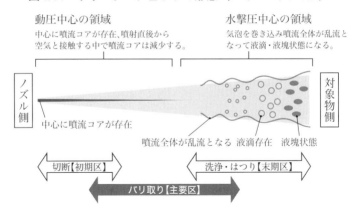

動圧中心の領域
中心に噴流コアが存在、噴射直後から
空気と接触する中で噴流コアは減少する。

水撃圧中心の領域
気泡を巻き込み噴流全体が乱流と
なって液滴・液塊状態になる。

ノズル側

対象物側

中心に噴流コアが存在

噴流全体が乱流となる　液滴存在　液塊状態

切断【初期区】

洗浄・はつり【末期区】

バリ取り【主要区】

図4.45 切断の原理

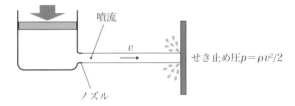

噴流

v

ノズル

せき止め圧$p=\rho v^2/2$

3.5 例題

　ピトーが流速を測る方法を着想したのは、川の流れにL字管を沈め、その開口部を流れの上流に向けると、L字管の水位が上昇するのではないかとひらめいたことだと言われている。川の流速をv、L字管の水面と川の水面の高さの差をh、重力の加速度をgとすると、vはどのように表されるか（図4.46）。

図4.46　流速の測定

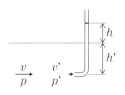

【解答と解説】

　L字管の開口部の圧力をp'、流速をv'、水深をh'とすると、ベルヌーイの式（水頭基準）(4.54)より、上流の水深h'の点とL字管の開口部とでは以下の関係が成り立つ。

$$\frac{v^2}{2g} + h' + \frac{p}{\rho g} = \frac{v'^2}{2g} + h' + \frac{p'}{\rho g}$$

L字管の開口部はよどみ点となるため、$v' = 0$
また、式(4.8)から、$p = \rho g h'$、$p' = \rho g (h' + h)$

$$\frac{v^2}{2g} + \frac{\rho g h'}{\rho g} = \frac{0^2}{2g} + \frac{\rho g (h' + h)}{\rho g}$$

これを整理して、$\dfrac{v^2}{2g} = h$　　$\therefore v = \sqrt{2gh}$

　図4.47のように管にノズルが取り付けられ、ノズル出口は大気に開放されている。流量 $Q = 420\text{L/min}$、管断面積 $A_1 = 20\text{cm}^2$、ノズルの断面積 $A_2 = 2.3\text{cm}^2$、水の密度 $\rho = 1000\text{kg/m}^3$ としたとき、流体からノズルに及ぼす反力 f はいくらか。なお、重力や流体の摩擦力は無視する。

図4.47　ノズルに及ぼす反力

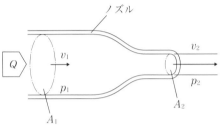

【解答と解説】

　図4.38（a）～（c）において、$\alpha_2 = 0$、$p_2 = 0$（ゲージ圧）とおけば、本問に適用できる。このとき、反力 f は x 方向の力 f_x となるため、式（4.65）より

$$f_x = p_1A_1 - p_2A_2\cos\alpha_2 - (\rho Qv_2\cos\alpha_2 - \rho Qv_1) = p_1A_1 - (\rho Qv_2 - \rho Qv_1)$$

連続の式（4.42）より、

$$Q = v_1A_1 = v_2A_2$$

$$v_1 = Q/A_1 = (0.42/60)/(20 \times 10^{-4}) = 3.5\text{m/s}$$

$$v_2 = Q/A_2 = (0.42/60)/(2.3 \times 10^{-4}) = 30.4\text{m/s}$$

ベルヌーイの式（4.49）に、$h_1 = h_2$、$p_2 = 0$（ゲージ圧）を適用すると、

$$p_1 + (1/2)\rho v_1^2 = (1/2)\rho v_2^2$$

$$\therefore p_1 = (1/2)\rho(v_2^2 - v_1^2) = (1/2) \times 1000 \times (30.4^2 - 3.5^2) = 455955\text{Pa} \fallingdotseq 0.456\text{MPa}$$

$$f_x = p_1A_1 - \rho Q(v_2 - v_1)$$

$$= (0.456 \times 10^6) \times (20 \times 10^{-4}) - 1000 \times (0.42/60) \times (30.4 - 3.5) = 724\text{N}$$

4 弁や配管における損失とムダ取り

　実在するすべての流体は粘性を持っており、流体のエネルギー損失の原因となっている。ここでは、境界壁で囲まれた内部流れの損失量がどの程度かを把握し、配管システムの設計や運用の基礎とする。

4.1 粘性流体の内部流れ

（1）層流・乱流

　流体塊が層をなして滑らかに流れる乱れのない流れを**層流**という。このとき、放物線状の流速分布をもつ流れになる。

　一方、流体塊の速度の大きさと方向が不規則に激しく変動する乱れた流れを**乱流**という。このとき、放物線より扁平な速度分布をもつ流れになる。

　これらの流れの違いを表4.3に示す。

表4.3　層流と乱流の違い（円管路の場合）

	層流	乱流
流れの状態（レイノルズの実験の模式図）		
流速分布		
レイノルズ数	$Re \leqq 2300$	$Re \geqq 4000$
	2300＜Re＜4000では、条件次第で層流または乱流になる。	
圧力損失	粘性の要因大	管壁面粗さの要因大

（2）レイノルズ数

　層流になるか、乱流になるかの指標として**レイノルズ数**がある。流体の密度ρ、管内の平均流速v、管の内径d、粘度μ、動粘度νのとき、レイノルズ数Reは以下のように表される無次元数である。

$$Re = \frac{\rho v d}{\mu} = \frac{vd}{\nu} \ ([-]) \qquad (4.81)$$

　円管路において、レイノルズ数が$Re \leqq 2300$（**臨界レイノルズ数**と呼ぶ）のときは、動きが抑えられ乱れのない層流となる。このとき、外乱が発生しても層流に戻る。

　それらの傾向が逆で$Re \geqq 4000$のときは、活発な動きとなり乱流となる。$2300 < Re < 4000$では、条件次第で層流になったり乱流になったりする。

　形状が幾何的に同じでレイノルズ数も同じなら、流動状態も同じとなり、相似則を用いた解析ができる。

4.2　直円管とそれ以外の各種管路要素を含む流れ

（1）流体摩擦

　粘性のない理想流体では壁面との摩擦も働かないため、管内の速度分布は壁面近くも管の中央も速度が同じ流れになる。しかし、粘性のある実在の流体では、図4.48（a）のように、微小な流体塊の大きさに比べて、壁面の凹凸は大きく、壁面での速度は0になり、管壁から離れるとともに速度は増加し、管中央で最大となる速度分布をもつ流れとなる。

　壁面と流体の間の摩擦を**外部摩擦**、流体同士の摩擦を**内部摩擦**、これら合わせて**流体摩擦**と呼ぶ。固体の力学になぞらえると、厚さ$\varDelta y$、面積Aの複数の薄板が重なってそれぞれ別の速度でずれていくときの摩擦力がF、それをAで割ったのがせん断応力τとなる。このとき、摩擦により固体でも流体でも摩擦熱が発生し、エネルギーの損失となる（図4.48（b））。

（2）拡張されたベルヌーイの定理

　水平管内の粘性流体の定常流において、ベルヌーイの式の適用を試み

図4.48　管内の速度分布と摩擦のイメージ（固体との比較）

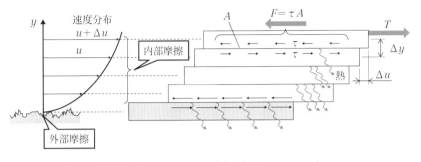

(a) 管内の速度分布　　　　(b) 摩擦のイメージ

る。図4.49のような直管路において全エネルギーが保存されると考えると、下流側ではベルヌーイの式に放散したエネルギーΔEを加える必要がある。

$$\frac{\rho U_1^2}{2} + \rho gh_1 + p_1 = \frac{\rho U_2^2}{2} + \rho gh_2 + p_2 + \Delta E \qquad (4.82)$$

このように摩擦により損失したエネルギーΔEを追加したベルヌーイの定理を**拡張されたベルヌーイの定理**と呼ぶ。

水平管内では、$U_1 = U_2$、$h_1 = h_2$であることから、ΔEは圧力損失となる。

この式から、流路出口で目標のエネルギーを流体に付与するには、エネルギーを外部から補填する必要があることがわかる。

(3) 損失の3要素（損失係数・配管径・流速）

管路の代表例である図4.49のような、長さl、管内径d、平均流速U、流体密度ρの直円管路では、損失した式（4.82）の圧力エネルギーΔEは、以下の**ダルシー・ワイスバッハの式**で表されることが実験により確かめられている。

$$\Delta E = \lambda \left(\frac{l}{d}\right)\left(\frac{\rho U^2}{2}\right)([\text{Pa}]) \qquad (4.83)$$

比例定数λは**管摩擦係数**と呼ばれる。この式から、圧力エネルギー損失ΔEは、損失の程度を表わす管摩擦係数λと配管長さl、流速Uの2乗に比

図4.49　定常流の速度分布と損失エネルギー

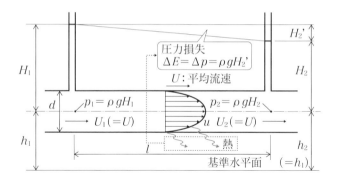

例し、配管径dに反比例することがわかる。

　同様に、直円管路以外の各種管路要素における圧力損失も、直円管路の圧力損失の式の$\lambda l/d$を管路要素の内部形状などを考慮した**損失係数**ζに置き換えた下記の式（4.85）で算出できることがわかっている。さらにこの損失係数ζには後述の式（4.87）のとおり、管の配管径dに相当する流路径d_jがかかわっている。したがって、どちらの場合も管摩擦係数λおよび損失係数ζ・配管径d・流速Uを損失の3要素と呼んでもよい。また、いずれの圧力損失も、損失に関係する定数部分と共通部分である動圧の積であることがわかる。なお、圧力エネルギー損失$\varDelta E$を、以降、直感的にわかりやすい$\varDelta p$と表現する。

$$\text{直円管路の圧力損失}\quad:\ \varDelta p_f=\left(\lambda\,\frac{l}{d}\right)\left(\frac{\rho U^2}{2}\right)\quad(4.84)$$

$$\text{直円管路以外の圧力損失}:\ \varDelta p_s=\quad\zeta\quad\left(\frac{\rho U^2}{2}\right)\quad(4.85)$$

　さらに、項（5）で述べるとおり、これらはいくつ組み合わされても、たし算で管路システム全体の圧力損失が求められることが大きな特徴である。

(4) さまざまな条件における管摩擦係数・各種管路要素の損失係数

一般に、流れの源から末端の装置までの間に、圧力損失を引き起こす配管の表面状態、曲がりや断面積の変化、弁などさまざまな管路要素が存在する。

末端の装置が十分に機能するためには、圧力源から装置までの圧力損失があっても、装置に必要な流量や圧力を確保できる配管システムが必要である。その圧力損失は式（4.84）、（4.85）で算出できる。その元になる管摩擦係数λ・管路要素の損失係数ζを以下に紹介する。

①直円管路の管摩擦係数

層流の場合の直円管路の管摩擦係数λは、

$$\lambda = \frac{64}{Re}$$

となり、レイノルズ数には関係するが、粗さにほとんど無関係である。一方、乱流の場合の管摩擦係数λやその算出方法は、レイノルズ数や管壁の

図4.50　ムーディー線図と管摩擦係数λの求め方（機械工学便覧α4編流体工学）

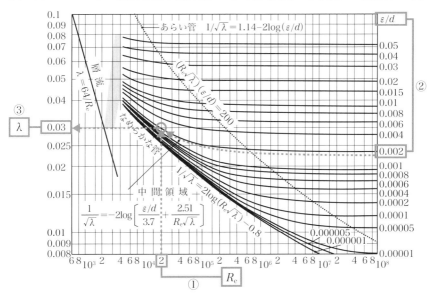

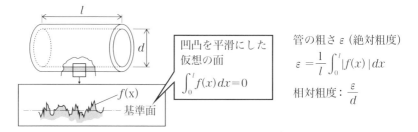

図4.51　管の粗さ

管の粗さ ε（絶対粗度）

$$\varepsilon = \frac{1}{l}\int_0^l |f(x)|\,dx$$

相対粗度：$\dfrac{\varepsilon}{d}$

粗さによって異なる。

　これらを層流・乱流包括して求めることができるのがムーディー線図で、要領は以下のとおりである。

　横軸Reの値と、右の縦軸ε/dとから、左の縦軸でλを求める（図4.50）。

　この図中には、$Re=2\times10^4$、$\varepsilon/d=0.002$から$\lambda=0.03$を求めた例を示す。

　管壁の粗さは、表面の凹凸を関数$f(x)$として図4.51のように求める。

②直円管路以外の各種管路要素の損失係数

　圧力損失の式（4.85）で示された、直円管路以外の損失係数ζは管路要素の内部形状によって、表4.4のように表される。

（5）管路システムの損失

　上記の管路要素を組み合せたシステム全体の圧力損失$\varDelta p_L$は、I個の直円管路の管摩擦損失の合計$\Sigma\varDelta p_f$とJ個の管路要素・弁類の合計$\Sigma\varDelta p_s$の和として、以下のように表される。

$$p_L = \Sigma\varDelta p_f + \Sigma\varDelta p_s = \sum_{i=0}^{I-1}\lambda_i\,\frac{l_i}{d_i}\,\frac{\rho}{2}\,u_i^2 + \sum_{j=1}^{I+J-1}\zeta_j\,\frac{\rho}{2}\,u_j^2 \qquad (4.86)$$

$$= \sum_{i=0}^{I-1}\lambda_i\frac{l_i}{d_i}\frac{\rho}{2}\left\{\left(\frac{d_0}{d_i}\right)^2 u_0\right\}^2 + \sum_{j=1}^{I+J-1}\zeta_j\,\frac{\rho}{2}\left\{\left(\frac{d_0}{d_j}\right)^2 u_0\right\}^2$$

$$= \left(\sum_{i=0}^{I-1}\lambda_i\frac{l_i}{d_i^5} + \sum_{j=1}^{I+J-1}\frac{\zeta_j}{d_j^4}\right)\frac{\rho}{2}\,d_0^4 u_0^2 \qquad (4.87)$$

この式の導出には、システム出口部の直径をd_0、平均流速をu_0としたと

表4.4　管路要素の損失係数ζ

管路の形状	損失係数ζ	管路の形状	損失係数ζ
入口・角端	0.5	入口・面取り	0.25
入口・r付き	0.005〜0.06	入口・突出し	0.56〜3.0
急拡大	$[1-(d_1/d_2)^2]^2$	緩やかな拡大	$\theta \fallingdotseq 5.5°$で 0.135（最小）
急縮小	$d_2/d_1=0.3〜0.9$ のとき 0.41〜0.09	緩やかな縮小	$\theta<30°$のとき $\fallingdotseq 0$
エルボ	$\theta=90°$のとき 1.0	ベンド	$\theta=90°$のとき 0.2〜0.3
流出口	1.0	放流	1.0
仕切弁	全開のとき $0.233(d=25)〜$ $0.808(d=13)$	玉形弁	全開のとき $6.09(d=25)$

きの、連続の式を用いた以下の関係を適用した。

$$A_0 u_0 = A_i u_i、\ A_0 = \pi \frac{d_0{}^2}{4}、\ A_i = \pi \frac{d_i{}^2}{4}$$

$$\therefore u_i = \left(\frac{A_0}{A_i}\right)u_0 = \left(\frac{d_0}{d_i}\right)^2 u_0$$

同様に、$u_j = \left(\dfrac{d_0}{d_j}\right)^2 u_0$

　なお、損失が生じる要素の前後で流速が変化する場合は、一般に大きい流速（小さい径）の方を使用する。

　この式にあてはめた一例を図4.52に示す。

　水源のタンクの水面（A）および出口（B）の高さをh_a、h_b、圧力をp_a、p_b、流速をu_a、u_bとする。また、直管部分（$i=0\sim4$）の管摩擦係数をλ_i、直径をd_i、長さをl_i、流速をu_i、管路要素（入口、曲がり、緩やかな拡大、急縮小、弁）（$j=5\sim10$）の損失係数をζ_j、流速をu_j、システム全体の圧力損失をp_Lとする。このとき、式（4.82）を参考に下記の式が得られる。

$$p_a + \frac{\rho}{2}u_a{}^2 + \rho g h_a = p_b + \frac{\rho}{2}u_b{}^2 + \rho g h_b + p_L \qquad (4.88)$$

　この式において、p_aとp_bはどちらも大気圧のため、$p_a = p_b$、タンクの容量は十分大きく$u_a \fallingdotseq 0$、出口管内の流速u_0とそれを出た後の流速u_bは同じ（$u_0 = u_b$）と考えると、式（4.87）から以下の式が得られる。

$$\rho g h_a = \frac{\rho}{2}u_0{}^2 + \rho g h_b + \left(\sum_{i=0}^{4}\lambda_i\frac{l_i}{d_i{}^5} + \sum_{j=5}^{10}\frac{\zeta_j}{d_j{}^4}\right)\frac{\rho}{2}d_0{}^4 u_0{}^2$$

$$\therefore \rho g(h_a - h_b) = \frac{\rho}{2}u_0{}^2\left\{1 + \left(\sum_{i=0}^{4}\lambda_i\frac{l_i}{d_i{}^5} + \sum_{j=5}^{10}\frac{\zeta_j}{d_j{}^4}\right)d_0{}^4\right\} \quad (4.89)$$

図4.52　管路システムの例

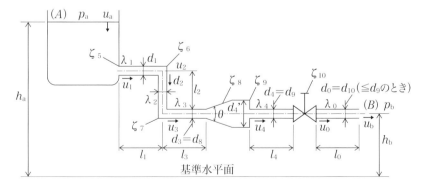

$$u_0 = \sqrt{\dfrac{2g(h_a - h_b)}{\left\{1 + \left(\sum\limits_{i=0}^{4} \lambda_i \dfrac{l_i}{d_i^5} + \sum\limits_{j=5}^{10} \dfrac{\zeta_j}{d_j^4}\right)d_0^4\right\}}} \qquad (4.90)$$

流速 u_0 がわかれば、これに出口管の断面積 $\pi d_0^2/4$ をかけて、流量 $Q = u_0 \cdot \pi d_0^2/4$ を求めることができる。

なお、$d_i = d_j = d_0$ の場合は、以下の式が得られる。

$$u_0 = \sqrt{\dfrac{2g(h_a - h_b)}{1 + \sum\limits_{i=0}^{4} \lambda_i \dfrac{l_i}{d_0} + \sum\limits_{j=5}^{10} \zeta_j}} \qquad (4.91)$$

(6) 弁や配管におけるムダ取り

式（4.87）は、管摩擦係数 λ または損失係数 ζ と流速 u の関数なので、圧力損失 p_L のムダをとるには、以下の方策が考えられる。

① 管摩擦係数 λ や損失係数 ζ の小さい管路要素にする

・入口：タンクから管路入口への角を丸みのあるベルマウス状にする

・管路断面積を拡大するとき：広がり角 θ をできるだけ小さくする

　$\theta \fallingdotseq 5.5°$ 程度が理想。$\theta = 60°$ は $\theta = 180°$ より損失が大きくなるので避ける。

・弁類：用途に適合するなら、仕切弁、バタフライ弁などを使う

　玉形弁は流路がS字状となるため、圧力損失が大きい。

② 流路断面積を大きくする

　どの管路要素を通るときも流量 Q は同じなので、$Q = Au$ から、流路断面積 A（または流路径 d_i, d_j）を大きくすれば圧力損失 p_L を小さくできる。一般に、圧力損失の最も大きい管路要素の流路断面積を大きくすると、システム全体の流量増加に効果的に寄与することが多い。ただし、管路要素の流路断面積拡大はコストアップにつながるため、費用対効果のバランスをとる必要がある。

4.3 例題

【例題4.7】

直径20mmの円管内を流体が平均速度1m/sで流れている。流体を20℃の水および空気としたとき、流れは層流・乱流のいずれになるか判定せよ。

水および空気の動粘度は、$v_w = 1.004 \times 10^{-6}$m^2/s、$v_a = 1.515 \times 10^{-5}$m^2/sとする。

【解答と解説】

式（4.81）より $Re = Ud/v$、$U = 1$m/s、$d = 20$mm $= 0.02$m

水：$Re = 1 \times 0.02/（1.004 \times 10^{-6}）= 19920 > 2300 \rightarrow$ 乱流

空気：$Re = 1 \times 0.02/（1.515 \times 10^{-5}）= 1320 < 2300 \rightarrow$ 層流

【例題4.8】

図4.53のような管内径 $d = 20$mm、管の絶対粗さ $\varepsilon = 0.07$mm、管の総長さ $l = 50$mの暖房配管に60℃の温水を流量 $Q = 15$l/minで流す。管路の曲がり18ヵ所の損失係数 $\zeta = 0.6$、水の密度 $\rho = 983$kg/m^3、動粘度 $v = 0.475 \times 10^{-6}$m^2/sとするとき、この系の圧力損失を求めよ。

図4.53 暖房配管

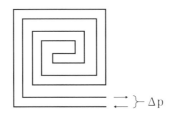

【解答と解説】

流量 $Q = 15$l/min $= 15 \times 10^{-3}$m^3/60s $= 0.00025$m^3/s

$d = 20$mm $= 0.02$m、

管内の平均流速 $u = Q/A = Q/（\pi d^2/4）= 0.00025/（3.14 \times 0.02^2/4）= 0.796$m/s

レイノルズ数$Re = ud/\nu = 0.796 \times 0.02/(0.475 \times 10^{-6}) = 3.35 \times 10^4 > 2300$ →乱流

管路の相対粗さ$\varepsilon/d = 0.07\text{mm}/20\text{mm} = 0.0035$

ムーディー線図よりReとε/dの交点を読み取り、管摩擦係数$\lambda = 0.03$

管摩擦による損失$\Delta p_f = \lambda(l/d) \times (\rho u^2/2) = 0.03 \times (50/0.02) \times (983 \times 0.796^2/2) = 23357\text{Pa}$

エルボによる損失$\Delta p_e = n\zeta(\rho u^2/2) = 18 \times 0.6 \times (983 \times 0.796^2/2) = 3363\text{Pa}$

全損失$\Delta p = \Delta p_f + \Delta p_e = 23357 + 3363 = 26720\text{Pa} \fallingdotseq 26.7\text{kPa}$

5 | 代表的な流体機械（ポンプ・水車）の運転

流体と機械の間でエネルギーの授受を行う機械の総称が流体機械である。ここでは、その代表的な機械の作動原理などを学ぶ。

5.1　流体機械の概要

ポンプや圧縮機は、羽根車などを回し流体のエネルギーを高める**流体機械**で、外部からの動力で駆動されるので**被動機**と呼ばれる。水車やタービンは、流体のエネルギーを機械エネルギーに変換し、それを動力として利用するので**原動機**と呼ばれる。被動機の流れの方向や軸の回転方向、作動の方向を逆にしたものが原動機であるが、両者の作動原理は同じである。

また、上記の区分のほかに、液体を利用する液体用機械と気体を利用する気体用機械という分類もできる。両者の作動原理は基本的に同じだが、液体の場合は密度が大きいため、羽根車や通路内壁の強度への配慮、液体特有の不具合現象であるキャビテーションなどへの配慮が必要である。

一方、気体の場合、密度が小さいため液体用機械に比べ高速で運転できるが、遠心力に対する羽根車の強度や圧縮性に基づく体積や温度の変化に対する配慮が必要である。

構造面では、静止流体を利用する容積型と運動流体を利用するターボ（回転）型やせん断力型などがある。中でもターボ型は、流体の速度差の

2乗で働く慣性力と連続してそのエネルギーを授受できる回転羽根車により、容積型より大量の流体を処理でき、部品点数も少なく、摺動部分も少ないので高速化に適しており、さまざまな用途に使われている。

ターボ型ポンプには、求められる流量や圧力を実現するため、流れの方向が変わらない軸流型、流れが直角方向に変わる遠心型、その中間の斜流型があるが、共通の考え方を適用できるところも多い（図4.54）。そのため、以下ではターボ型のポンプを例にその特徴を説明する。

（1）ポンプ（被動機の一例）

①全揚程と実揚程

図4.55（a）のようにポンプを運転すると、吸込み側管路でのエネルギー損失（h_{ls}）、吐出し側管路でのエネルギー損失（h_{ld}）が生じる。

また、上の槽に所定の流量（出口速度v_d）で液を溜めるには単位重量当たりの運動エネルギー$v_d^2/(2g)$が必要である（これを**吐出し速度ヘッド**または**残留ヘッド**とも呼ぶ）。そのため、ポンプの構造にかかわらず、揚液に必要なポンプ全揚程Hは、ポンプ実揚程H_a（＝吸込み実揚程H_{as}＋吐出し実揚程H_{ad}）にこれらをたした次式で表せる。

$$H = H_a + h_{ls} + h_{ld} + \frac{v_d^2}{2g} \qquad (4.92)$$

図4.54　被動機（遠心・斜流・軸流ポンプ）の構造

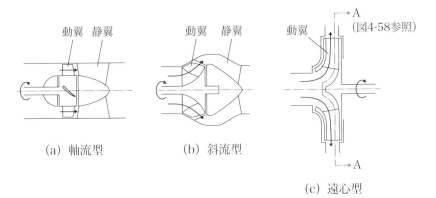

（a）軸流型　　　　（b）斜流型

（c）遠心型

図4.55　ポンプの全揚程と運転点との関係

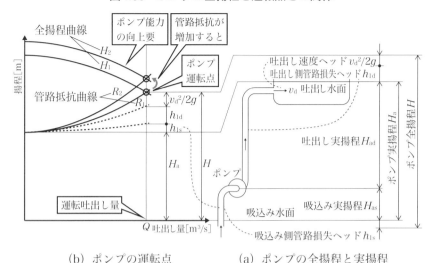

（b）ポンプの運転点　　　　（a）ポンプの全揚程と実揚程

②ポンプ動力と効率

　揚液に必要な理論動力を**水動力**といい、それを単位時間に流体に与えられた有効エネルギーとして次式で表す。

$$P_w = \rho g Q H \qquad (4.93)$$

ここで、P_wは水動力［W］、ρは液体の密度［kg/m³］、gは重力の加速度［m/s²］、Qは流量［m³/s］、Hは全揚程［m］である。

　これは、以下のような式の整理により求められる。

$$P_w = \frac{W}{t} = \frac{Fl}{t} = \frac{F(vt)}{t} = Fv = (pA)v = pQ = \rho g Q H \qquad (4.94)$$

ここで、P_wはポンプが流体になした仕事Wをそれに要した時間tで割ったもの、Wは全圧力F×輸送距離l、lは流速v×時間t、Fは圧力p×面積A、流量QはA×vである。また、式（4.8）より、$p = \rho g H$である。

　一方、実際に必要なポンプ動力を**軸動力**という。軸動力P_sはポンプの損失動力P_l分だけ水動力P_wより大きい。したがって、エネルギー変換の有効性（損失動力の少なさ）の指標となるポンプの**効率**ηは、1以下の値として次の式で表せる。

$$\eta = \frac{P_w}{P_s} = \frac{P_s - P_l}{P_s} = 1 - \frac{P_l}{P_s} \qquad (4.95)$$

さらにηは次の3つの効率から構成され、それらの掛け算で表される。

$$\eta = \eta_h \cdot \eta_v \cdot \eta_m \qquad (4.96)$$

η_h：水力効率（管摩擦などによるエネルギー損失を考慮した効率）

η_v：体積効率（管路からの漏れによるエネルギー損失を考慮した効率）

η_m：機械効率（軸受やシール材などとの摩擦によるエネルギー損失を考慮した効率）

③ポンプの特性

　ここでは遠心ポンプの特性を説明する。ポンプの特性は吐出し量を横軸とし、全揚程、軸動力、効率を縦軸とした曲線で表される（図4.56）。

・全揚程曲線

　遠心ポンプの全揚程は、吐出し量がゼロ（締切）のときに最大となり、吐出し量の増加とともに減少する。

・軸動力曲線

　遠心ポンプの軸動力は、吐出し量がゼロ（締切）のときに最小で、吐出し量の増加とともに直線的に増加する。

・効率曲線

　遠心ポンプの効率は、吐出し量がゼロ（締切）のときにゼロで、吐出し

図4.56　遠心ポンプの特性

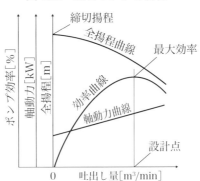

量の増加とともに増加し、設計吐出し量で最大となった後、減少に転じる。

④ポンプの運転点

　式（4.92）は全揚程Hが$H_a + h_{ls} + h_{ld} + v_d{}^2/2g$と釣り合うことを意味している。これをポンプの特性曲線で表現すると図4.55（b）のようになる。すなわち、全揚程曲線Hと管路抵抗曲線R（$H_a + h_{ls} + h_{ld} + v_d{}^2/2g$）の交点となるポンプ運転点で運転されることになる。

　なお、式（4.87）から、管内径を小さくすると、圧力損失が増加することがわかる。したがって本例では、$h_{ls} + h_{ld}$が増加する。そのため、運転吐出し量Qを維持するにはR_1からR_2に移動した管路抵抗曲線と運転吐出し量Qとの交点を通る全揚程H_2の能力をもつポンプが必要となる。

　以上のように、ポンプの運転点にはポンプの特性だけでなく、管路抵抗が関係していることがわかる。

(2) 水車（原動機の一例）

　図4.57に水力発電（揚水式）の例を示す。

　上部貯水池の水面と放水路の水面の落差を総落差（H_g）と呼ぶ。これから①管路の摩擦損失（取水口とサージタンク間の損失h_1）、②サージタンクと水車入口間の損失h_2、③放水路での損失h_3や④水車出口での速度水頭$v_2{}^2/2g$を差し引いた実際に利用できる水頭を有効落差（H_e）と呼ぶと、これらの関係は以下のようになる。

$$H_e = H_g - (h_1 + h_2 + h_3) - \frac{v_2{}^2}{2g} \ ([\text{m}]) \qquad (4.97)$$

　水車が出す理論出力P_{th}は、流量Q、水の密度ρとすると、式（4.93）と同様の考え方を用いて、次のようになる。

$$P_{th} = \rho g Q H_e \qquad (4.98)$$

水車が発電機に与えるエネルギーは、軸受の摩擦損失、水漏れの体積損失、流体の摩擦損失などを差し引いた有効出力Pとなり、水車の効率をη_tとすると、次のようになる。

$$P = P_{th} \cdot \eta_t = \rho g Q H_e \cdot \eta_t \qquad (4.99)$$

図4.57　水力発電用水車の損失水頭と落差の関係（流体のエネルギーと流体機械）

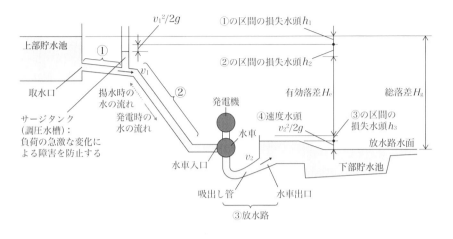

発電機の出力P_gは、発電機効率をη_gとすると、以下のようになる。

$$P_g = P \cdot \eta_g \qquad (4.100)$$

（3）流体機械の3要素（回転数・汲み出し量・圧力）

遠心型ポンプを例に流体機械の3要素を考察する。

図4.54（c）の回転部断面$A-A$をイメージして、図4.58のように羽根車を通過する流量（汲み出し量）をQ、羽根の入口、出口の周速度をu_1、u_2、半径をr_1、r_2、羽根に沿って流入、流出する流体の速度をw_1、w_2、u_1とw_1、u_2とw_2の合成速度（絶対速度）をv_1、v_2、u_1とv_1、u_2とv_2のなす角度をα_1、α_2、流体の密度をρ、羽根車の角速度をωとすると、（4.70）を参考にして、回転方向に持つ流体のモーメントM（＝力F×半径r）は、

$$M = \rho Q v_2 r_2 \cos\alpha_2 - \rho Q v_1 r_1 \cos\alpha_1 = \rho Q(v_2 r_2 \cos\alpha_2 - v_1 r_1 \cos\alpha_1) \quad (4.101)$$

羽根が流体に与えた動力Lは、以下の式で表せる。

$$L = M\omega = \rho Q\omega(v_2 r_2 \cos\alpha_2 - v_1 r_1 \cos\alpha_1) \qquad (4.102)$$

一方、式（4.93）より、$P_w = \rho g Q H$であり、$P_w = L$だから

$$\rho g Q H = \rho Q\omega(v_2 r_2 \cos\alpha_2 - v_1 r_1 \cos\alpha_1) \qquad (4.103)$$

この関係はターボ型流体機械全般にも当てはまる。角速度ωは回転数n

図4.58　羽根と流体の挙動（図4.54（ c ）参照）

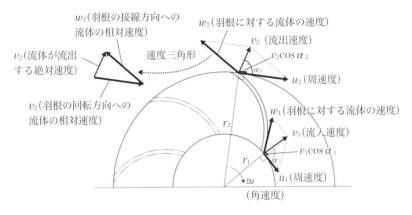

に比例（$\omega\,[\mathrm{rad/s}]=2\pi n/60\,[\mathrm{rpm}]$）、揚程$H$は圧力$p$に比例（$p=\rho g H$）する。したがって、回転数$n$・汲出し量$Q$・圧力$p$は流体機械の3要素といえる。なお、入口および出口の速度u、v、wで構成されるベクトルの三角形を速度三角形と呼ぶ。

5.2　ポンプ・水車・風車に共通する力学法則

ポンプなどの被動機の効率ηは式（4.95）で表せる。

原動機の場合は、水動力P_wを受け、そこから損失動力P_l分を差し引いた軸動力P_sを得る。したがって、原動機の効率ηも被動機の効率と同様、損失動力の少なさの指標として、同じ形で表せる（図4.59）。

$$\eta=\frac{軸動力(P_s)}{水動力(P_w)}=\frac{P_w-P_l}{P_w}=1-\frac{P_l}{P_w}\qquad(4.104)$$

なお、風力発電の風車も原動機であり、風のエネルギーを水動力P_w、軸動力をP_s、ロータの空気力学的損失や増速機などの機械的損失をP_lとして、式（4.104）とまったく同じ式で表せる（図4.60）。

図4.59　被動機・原動機の効率

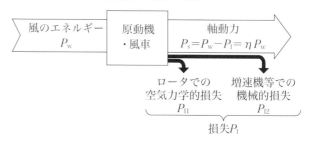

図4.60　風車の効率

5.3　油圧ポンプで実現する揚程とシリンダ圧力

2.2で紹介した液圧システムの圧力源として、代表的な油圧ポンプの構造と特性、運用上の注意点を説明する。

（1）油圧ポンプの特性

油圧ポンプには、定容量型の外接型歯車ポンプや可変容量型の斜板ポンプなどがある。図4.61に、定容量型油圧ポンプの構造と圧力－吐出し量特性を示す。使用圧力が高くなると、摺動部の干渉防止のために設けたすきまからの油漏れ量が増加し、理想の状態より吐出し量Qが低下するが、システムの耐圧特性を超えても作動し続けるため、圧力制御弁（リリーフ弁）が必要である。

可変容量型（図4.62）の場合は、吐出し圧力が増加し設定圧力（フルカットオフ点）に近づく（カットオフ点）と吐出し量を抑えるよう制御が

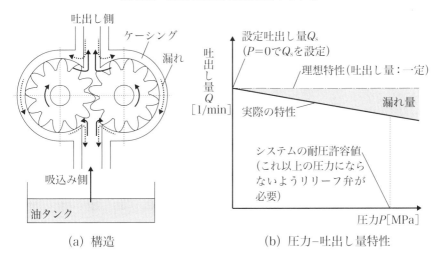

図4.61　定容量型の外接型歯車ポンプ

（a）構造　　　　　　　　　　（b）圧力-吐出し量特性

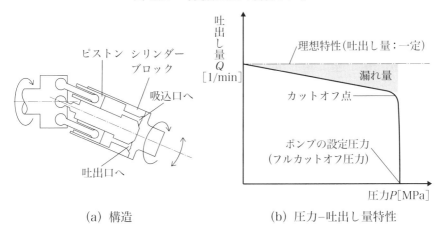

図4.62　可変容量型の斜板ポンプ

（a）構造　　　　　　　　　　（b）圧力-吐出し量特性

働き、油圧シリンダのストロークエンドで油が流れなくなると、設定圧力を維持しながら吐出し量をゼロに近づけていく。このため、定容量型のようなリリーフ弁は不要となる。

(2) 油圧ポンプの動力と効率

　油圧ポンプにより付与される油のエネルギーを油動力と呼ぶ。吐出し圧力p、実吐出し量Q_aのとき、ピストンの面積A、ピストンに加わる力Fとその移動速度v、時間tで移動する距離lとの関係から、油動力P_0は以下のように表せる（図4.63）。

$$P_0 = Fv = \frac{Fl}{t} = \frac{(pA)l}{t} = \frac{p(Al)}{t} = pQ_a \qquad (4.105)$$

図4.63　油圧ポンプの動力

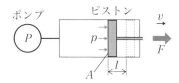

　また、軸動力P_sおよびポンプ全効率η_tは、体積効率η_v、機械効率η_mとして、以下のように表せる。

$$P_s = \frac{P_0}{\eta_t} = \frac{pQ_a}{\eta_t} \qquad (4.106)$$

$$\eta_t = \eta_v \cdot \eta_m \qquad (4.107)$$

5.4　例題

【例題4.9】

　揚程$H = 20\mathrm{m}$、吐出し量$Q = 0.9\mathrm{m}^3/\mathrm{min}$、ポンプ効率$\eta = 60\%$の渦巻きポンプに必要な軸動力$P_s$を求めよ。水の密度$\rho = 1000\mathrm{kg/m}^3$、管路抵抗はないものとする。

【解答と解説】

　式（4.93）より、水動力$P_w = \rho g Q H = 1000 \times 9.8 \times (0.9/60) \times 20 = 2940\mathrm{W}$
　軸動力$P_s = P_w/\eta = 2940/0.6 = 4900\mathrm{W}$

【例題4.10】

吐出し圧力 $p=5.0$ MPa、実吐出し量 $Q_a=0.06$ m³/min、ポンプ全効率 $\eta_t=70\%$ のとき、油圧ポンプの軸動力 P_s を求めよ。また、体積効率 $\eta_v=80\%$ とするとき、機械効率 η_m を求めよ。

【解答と解説】

式（4.106）より、$P_s=pQ_a/\eta_t=(5\times10^6)\times(0.06/60)/0.7=7.14$ kW

式（4.107）より、$\eta_m=\eta_t/\eta_v=0.7/0.8=0.875=87.5\%$

【例題4.11】

流量 $Q=35$ m³/s、有効落差 $H_e=40$ m、水車効率 $\eta_t=80\%$ のときの有効出力 P、発電機の出力 P_g を求めよ。発電機効率 $\eta_g=85\%$、水の密度 $\rho=1000$ kg/m³ とする。

【解答と解説】

式（4.99）より、$P=P_{th}\cdot\eta_t=\rho gQH_e\cdot\eta_t=1000\times9.8\times35\times40\times0.80=10.98$ MW

式（4.100）より、$P_g=P\cdot\eta_g=10.98\times0.85=9.33$ MW

第 **V** 章

熱機械（熱機関）への
力学の展開
——熱力学

第V章では、仕事を産み出すエネルギー源の多くが熱エネルギーであることから、そのエネルギー変換において知っておくべき熱力学の第一法則と第二法則について学ぶ。この過程で、主役となる物質（固体・液体・気体）の状態を表す温度や圧力などの身近な状態量から、内部エネルギーやエンタルピーなどの専門的な知識を要する状態量を理解し、利用できるようになる。さらに、エネルギー変換における効率や可能性の表現に関わるエントロピーやエクセルギーについても理解を深める。これらの知識をもとに、熱から仕事を取り出すための機械である熱機関について、しくみとエネルギー変換プロセスを学習し、現場でも使える熱力学を身につける。

1 | はじめに

　熱現象を私たちの生活の役に立つ動力として活用するようになったのは、1712年にニューコメン（Thomas Newcomen）が蒸気機関を発明し、その後にワット（James Watt）によって汎用蒸気機関として改良されて始まる18世紀後半の産業革命からである。その後、19世紀に入って、カルノーやジュールをはじめとする熱力学に貢献した人物の登場により、動力を取り出すための機械としての熱機関が急速に発展した。熱がエネルギーの一形態、すなわち**仕事をする能力**を持つことが認識されたのがこの時代である。

　熱から動力、すなわち力学的エネルギーを生み出す熱機械のことを**熱機関**と呼ぶが、これはいわゆるエネルギー変換機であり、その主役を演じるのは、エネルギーを持っていて仕事を行う熱流体である。熱機関の代表的なものに、蒸気機関から構成される発電所システムや、自動車用エンジンなどがあるが、発電所システムのボイラや蒸気タービン、そして自動車用エンジンのピストン・シリンダーなどは、動力を取り出すための単なる仕掛けに過ぎず、蒸気や燃焼ガスなどの熱流体が主役であって、持っている能力を最大限に利用しようとする機械装置が熱機関である。主役である蒸気や燃焼ガスなどは**作動流体**と呼ばれ、英語ではWorking Fluid、すなわち仕事をする流体である。したがって、作動流体の性格や仕事をする能力（エネルギー）を十分に理解することが、効率的な熱機関を開発し、利用するためには不可欠である。

　ここでは、まず仕事と熱エネルギーとの関係について、その表現法としてのエネルギーの保存則である熱力学の第一法則を学ぶ。その際、各種物理量の単位の重要性について触れるとともに、作動流体の状態を表す状態量の扱い方について要点を整理し、代表的な作動流体である気体、とくに理想気体の性質と状態変化を理解する。次に、動力を産み出す熱機関の中身であるサイクルについて学習し、熱機関の基本的特徴の把握と熱効率の理解に努める。また、熱力学の第二法則を特徴付ける状態量であるエント

ロピーの役割を明確にした上で、私たちが使えるエネルギーとして理解しておく必要のあるエクセルギーについても触れることにする。

2 | 熱力学の事始め（熱力学の基礎知識の確認）

2.1 系の定義および熱機関のサイクルと熱効率

　熱力学では、図5.1に示すように、考える対象のことを系と呼び、その周りを外界、これらの境を境界と呼ぶ。図5.1の自動車の系では、燃料と空気などの物質を取り込み、燃焼反応によって生成した燃焼ガスを外界（環境）に排出している。熱は自動車内のエンジンにおいて発生するが、動力源となる燃料は外界から供給されているため、熱力学ではこの場合の熱は外界から供給されたものとして考える。

　また、自動車の走行という仕事は、タイヤを通して外界である路面への摩擦仕事として行われる。つまり、系には境界を通して物質や熱、そして仕事の出入りがあると考える。そして、物質の出入りがない系を**閉じた系**、物質の出入りがある系を**開いた系**と呼んでいる。ガスタービンやジェットエンジンを系と考えると、流体の流入と流出があるので開いた系であることは容易にわかるが、自動車のエンジンのようにピストンとシリンダーから構成される系でも、燃料混合気や燃焼ガスの流入・流出があるため厳密には開いた系となる。やや混乱するかもしれないが、流体の出入

図5.1　熱力学における系の定義

りの影響がほとんどない場合には閉じた系としての扱いが可能である。

　熱機関では、系の中で作動流体が状態変化を行うが、継続的に仕事を産み出すためには**サイクル**を構成する必要がある。つまり、ある状態変化によって仕事を行ったら、次に仕事を行うために元の状態に戻らなければならず、ぐるぐるとサイクリックに状態変化を継続する必要がある。

　このとき、熱機関である系は熱エネルギーと仕事のやり取りを外界と行うことになるが、その状況を表現すると図5.2のように描かれる。ここでは、エンジンという系が動力を産み出すサイクルとして考えられ、熱は高温側から供給されて、その一部が動力として出力され、低温側に排熱が捨てられている。

　低温側に排出する熱をなくすことはできないということが、熱力学の第二法則の教えるところである。すなわち、高温側である温度T_Hの高温熱源からQ_Hの熱が熱機関に供給され、仕事Lを出力した後、低温側である温度T_Lの低温熱源にQ_Lの熱を捨てるというサイクルのモデル化が行われる。

　もし捨てる熱量Q_Lをなくすことができれば、この熱機関は高温熱源からの熱Q_Hをすべて仕事Lに変換できることになるが、これは熱力学第二法則により第2種永久機関としてその実現は否定されている。では、いったいどの程度の熱から仕事への変換が可能であるのか、その答えを与えてくれるのが熱力学であり、その指標として次式で定義される**熱効率**が用いられる。

図5.2　熱機関のサイクルと熱効率

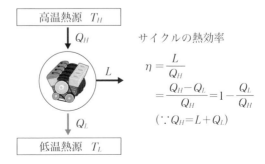

サイクルの熱効率

$$\eta = \frac{L}{Q_H}$$
$$= \frac{Q_H - Q_L}{Q_H} = 1 - \frac{Q_L}{Q_H}$$
$$(\because Q_H = L + Q_L)$$

$$\eta = \frac{L}{Q_H} = \frac{(\text{出力としてほしいもの})}{(\text{入力として使えるもの})} \qquad (5.1)$$

すなわち、熱機関に投入できる熱Q_Hを使って、ほしい仕事Lがどれくらい得られるかという割合を表しており、アルバイトで考えれば時給と同じ意味である。自分がアルバイトに使える時間を投入して、ほしいお金がいくら得られるかを示す時給（円/時間）の考え方と同じである。

本書では解説しないが、熱機関の逆サイクルである冷凍サイクルやヒートポンプサイクルでは**成績係数**（**COP**：Coefficient of Performance）が効率を示す指標として使われる。この場合には、動力Lが使える入力となって分母に、ほしい熱（冷却か加熱か）が分子に配される。したがって、省エネ機器であるヒートポンプではその成績係数は1よりも大きい値を取り、インプットする動力よりも大きな熱を組み上げること可能なことを明示する。

熱機関では、後でも紹介するが、系が行うサイクル中ではエネルギーの蓄積などの変化はないことと、熱と仕事は本質的に同じものであることから、系に出入りするエネルギーは保存され、流入した熱は流出した熱と仕事との和に等しくなる。すなわち、以下の関係が成立する。

$$Q_H = Q_L + L \qquad (5.2)$$

この関係を熱効率の式（5.1）に代入すれば、

$$\eta = \frac{Q_H - Q_L}{Q_H} = 1 - \frac{Q_L}{Q_H} \qquad (5.3)$$

となり、捨てる熱量Q_Lがゼロであれば熱効率は100％となるが、前述のとおりそれは不可能である。そこで、捨てる熱量Q_Lを最小限にするとともに、入熱量Q_Hを最大限にすることが熱効率改善のための基本的指針である。

【例題5.1】

ある自動車用のエンジンが、その出力0.2kWあたりに発熱量12000kJ/kgの燃料を毎時150g消費している。このエンジンの熱効率を求めよ。また、利用できないエネルギーはいくらになるか。

【解答】

図5.2において、まず燃料の燃焼によって生まれる熱量Q_Hを単位時間当たりで求めておく。単位時間あたりの燃料の消費量を$\dot{m}_f$発熱量をHとすれば、

$$Q_H = \dot{m}_f H = 12000 \left[\tfrac{\text{kJ}}{\text{kg}}\right] \times \frac{150 \times 10^{-3}{}_{[\text{kg}]}}{3600_{[\text{s}]}} = 0.5\text{kW}$$

したがって熱効率は、

$$\eta = \frac{L}{Q_H} = \frac{0.2}{0.5} = 0.4$$

利用できないエネルギーは、以下のとおり。

$$Q_L = Q_H - L = 0.5 - 0.2 = 0.3\text{kW}$$

この問題では、単位を揃えることに注意する必要がある。

2.2　熱力学に登場する状態量の基本3要素（圧力、体積、温度）と理想気体の性質

　熱機関の主役である作動流体は、固体に比べるとさまざまにその状態が変化する。たとえば、密閉容器に封入した気体は、容器を取り除くと拡散してその体積を膨張しようとする性質がある。そのため、閉じ込めて体積を一定に保つためには、それに逆らう力が必要である。

　この状況を図5.3のピストン・シリンダー系を用いて力学的に考えれば、内部の気体が面積Aのピストンに及ぼす力と同じ力Fを外部から作用させるときに力学的平衡状態となる。その単位面積あたりの力（F/A）が気体の圧力pとして観測される。この圧力は気体の分子運動によって生じ、分子の運動は気体の温度に依存する（図5.4参照）。つまり、容器内の気体の状態は、圧力p、温度T、そして閉じ込めておこうとする体積V

図5.3　密閉容器内の気体の状態

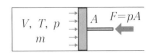

図5.4　理想気体の内部エネルギー

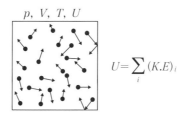

$$U = \sum_i (K.E)_i$$

と密接に関係するため、圧力、温度、体積はそのときの状態を示す代表的な物理量であり、**状態量**と呼ばれる。よく知られる理想気体の状態方程式は、これらの状態量間の関係を与える式である。

$$pV = mRT = nR_oT \qquad (5.4)$$

ここで、m は体積 V の容器内の気体の質量、R は**気体定数**である。なお、気体の質量 m ではなく、モル数 n で表現することもあるが、その際の気体定数 R_o は一般気体定数と呼ばれ、気体の種類に関係なく一定値 $R_o =$ 8.314J/(mol·K) をとる。しかし、工学系、とくに力学分野においては質量基準で表現することがほとんどであり、この場合に質量 m の気体の分子量を M とすると、モル数は $n = m/M$ であるから、式（5.4）よりこの気体の気体定数 R が一般気体定数 R_o と次の関係にあることがわかる。

$$R = R_o/M \qquad (5.5)$$

状態方程式（5.4）は、3つの基本的な状態量（p, V, T）のうち2つが決まれば残りの1つは決まることを意味する。たとえば、圧力 p と体積 V がわかっていれば温度 T を知ることができ、同様に p と T から V、V と T から p を求めることができる。逆に、温度 T が一定であれば p と V の積は一定という**ボイルの法則**（$pV = constant$）、圧力 p が一定であれば V は T に比例するという**シャルルの法則**（$V/T = constant$）を思い出すであろう。

なお、理想気体の特徴を分子運動論の観点から述べておくと、分子の大きさが無視できて質点としての取扱いが可能なことと、分子間に働く引力や斥力などの相互作用力が働かず、分子は周りの他の分子に影響されることなく自由に運動できることが挙げられる。そのため、理想気体が保有するエネルギーは各分子の運動エネルギーの総和と考えることができる。

では、熱機関で動力に変換される理想気体の持つエネルギーはどのように表されるかを考えよう。図5.4の容器内の気体が保有するエネルギーは、この容器ごと高い高度を高速で飛行していれば、その位置エネルギーと運動エネルギーといった力学的エネルギーを持つことになる。しかし、一般にはその状況を考える必要が少ないため、図5.4に示すような閉じ込められた気体が保有するエネルギーとして、前述した各分子の運動エネルギーの総和を考えればよい。このエネルギーのことを内部に保有するエネルギーという意味で、**内部エネルギー**と呼び、Uで表される。

　理想気体の内部エネルギーについては、ジュールによる実験が有名であり、温度のみの関数であることが明らかにされている。つまり、理想気体の内部エネルギーは、各分子の運動エネルギーの総和であることから、熱運動の結果を示すものであり、温度で決まる状態量といえる。

$$U = func(T) \qquad (5.6)$$

　理想気体の温度と内部エネルギーとの関係を具体的に示すには、比熱が必要である。この点については、後ほど3.5以降に紹介する。

3 ｜ エネルギーの保存則（熱力学の第一法則）： 熱から仕事へのエネルギー変換

3.1　閉じた系が行う仕事

　前述のように、自動車用エンジンのピストン・シリンダー系は燃料・気体の吸入と燃焼ガスの排出があるので、厳密には開いた系である。しかし、吸気と排気の行程が熱力学的にほとんど差がなく、大きな影響を及ぼさないため、閉じた系として扱うことができる。そこで、図5.5に示すピストン・シリンダー系を考え、閉じた系の仕事を系内にある気体の状態変化と関連づけることから始める。この図のように、作動流体である気体が系内で（p, V）の状態にあって面積がAのピストンからの力Fを受けて釣り合っているとき、気体は$F = pA$の力を受けた状態で平衡状態となっている。もしこの力に逆らって微小な距離dxだけピストンを動かすとすると、この場合に（作用する力）×（力に逆らって動かす距離）が外部に対し

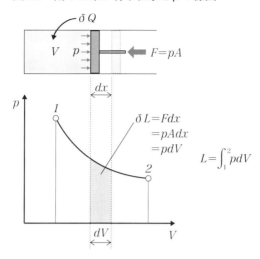

図5.5　閉じた系が行う仕事とp-V線図

て行う仕事である。作用する力のことを一般に負荷と呼ぶが、負荷が作用しない場合はいくら動かしても仕事はゼロである。つまり、無負荷運転は何の仕事も生み出さない。仕事を生むためには必ず負荷が作用していなければならない。この場合、気体は以下の仕事を外部に対して行うことになる。

$$\delta L = F \cdot dx = pAdx = pdV \qquad (5.7)$$

ここに、移動距離dxは気体の体積変化$dV = Adx$に表現を変えることになる。すなわち、閉じた系が外部に行う仕事は、圧力と体積変化によって表現できる。もしこの気体が、最初の状態1から状態2まで体積変化した場合、この状態変化の過程で行った仕事は次式で求まる。

$$L_{12} = \int_1^2 \delta L = \int_1^2 pdV \qquad (5.8)$$

つまり、図5.5の下部に示すように、縦軸に圧力p、横軸に体積Vをとったp-V線図に仕事を表せば、1から2までの状態変化を示す曲線と横軸（V軸）とで囲まれた面積となる。このように、仕事は状態変化のプロセス（途中の変化）に依存するため、状態量ではないことに注意する必要がある。状態1と2とが定まったとしても、その間をどのように結ぶかによっ

199 ●

て積分値である仕事は異なる。その意味で、本書では仕事Lにかかる微分演算子に通常のdではなくδの記号を用いている。熱Qも状態量ではなく、状態変化の道筋に依存するため、同様に微分演算子としてδを用いる。これに対し、状態量p、V、Tそして内部エネルギーUは、そのときの状態によって決まる物理量である。厳密にいえば、全微分可能な物理用であり、通常の微分演算子dが用いられる。

　ここで、仕事の単位について整理しておきたい。仕事は、式（5.7）で表したように、力と距離（長さ）の積であり、SI単位系では［N・m］（ニュートン・メーター）となる。さらに、力の基本はニュートンの運動方程式$F = ma$（mは質量kg、aは加速度m/s²）にあるので、仕事の単位はmksのSI単位で表せば、［kg・(m/s)²］あるいは［kg・(m/s²)・m］となり、いわゆる運動エネルギーおよび位置エネルギーと同じ単位である。つまり、仕事の単位はエネルギーの単位と同じであり、ジュール［J］で表される。

　以上のことを、表5.1にエネルギーに関する単位系として示す。重要なのは、単位は本質的な意味を持つことであり、基本関係式が必ず存在するということである。熱もエネルギーと同じジュール［J］を単位としており、「熱と仕事とは本質的に同じであり、エネルギーの保存則に従う」という熱力学の第一法則によって記述される。

　工業熱力学の世界では、エネルギーは仕事をする能力とも表現され、どのくらい短時間に仕事を行えるのかという指標として、仕事率あるいは動力（Power）が使われる。その単位は、表5.1に示すようにワット［W］であり、意味を表す単位としては［J/s］となる。なお、熱量を表す関係式として示した$Q = mc\varDelta T$は、質量mの物質に$\varDelta T$の温度上昇（たとえば、温度T_1から温度T_2に温度上昇するとき$\varDelta T = T_2 - T_1$と表す）を与えるために必要な熱であり、cは比熱である。つまり、この物質の熱容量がmc［J/K］とその質量に依存するものであり、比熱はその1kgあたりを意味し、単位質量あたりに1Kの温度上昇を与えるために必要な熱量となり、単位はその意味どおり［J/(kg・K)］である。「比」という表現は熱力学ではよく登場するいわゆる接頭語で、単位質量あたりという意味を表し

表5.1 エネルギーに関するSI単位系

物理量	定義または関係式	単位	
力 F	$F = ma$	N：ニュートン	$[kg \cdot m/s^2]$
仕事 L	$L = F \cdot x$	J：ジュール	$[kg \cdot m^2/s^2]$
仕事率 P	$P = L/t$	W：ワット	$[J/s]$
熱量 Q	$Q = mc\Delta T$	J：ジュール	$[kg \cdot m^2/s^2]$
エネルギー E	仕事をする能力	J：ジュール	$[kg \cdot m^2/s^2]$

ている。たとえば、**比体積**は質量1kgあたりの体積 $[m^3/kg]$ で、密度 $[kg/m^3]$ の逆数となる。その他、後述するエンタルピーやエントロピーについても、単位質量あたりとして**比エンタルピー**や**比エントロピー**という呼ばれ方をする。

3.2 閉じた系の熱力学の第一法則

図5.5に示したピストン・シリンダーからなる閉じた系で、体積変化 dV によって外部に仕事 δL を行う際に、外部から熱 δQ を受けると、系内の気体の内部エネルギーには変化が生じる。仕事と熱はともにエネルギーであるから、エネルギーの保存則から、内部エネルギーの変化量が次式で表現される。

$$dU = \delta Q - \delta L \qquad \text{すなわち、} \quad \delta Q = dU + \delta L = dU + pdV \qquad (5.9)$$

この式が閉じた系の熱力学の第一法則である。

作動流体が理想気体である場合、式（5.6）に示したように内部エネルギーは温度のみの関数である。そこで、比熱の定義を考え、もし体積一定 $(dV = 0)$ の下で理想気体の温度を1K上げるに必要な熱エネルギーを微分形で表示すれば、それは内部エネルギーの増加量に等しく、次の関係式が成立する。

$$\left(\frac{\partial Q}{\partial T} \right)_v = \frac{dU}{dT} = mc_v \qquad (5.10)$$

ここで、添字の v は体積一定の下での変化（Q の T による偏微分）を意

味し、c_vは**定積比熱**と呼ばれる。したがって、この定積比熱を用いれば、理想気体の内部エネルギー変化dUは温度変化と一対一に対応することになり、次のように両者を関連づけることができる。

$$dU = mc_v dT \qquad (5.11)$$

これより、理想気体に対する閉じた系の熱力学の第一法則に温度変化が導入され、状態量の基本3要素（圧力、体積、温度）によって表現された。

$$\delta Q = mc_v dT + pdV \qquad (5.12)$$

式（5.11）と（5.12）を単位質量あたりで書き表すと便利なことが多く、それぞれを質量mで割って、小文字で表現すると以下のようになる。

$$du = c_v dT \qquad (5.13)$$

$$\delta q = c_v dT + pdv \qquad (5.14)$$

ここに、uは比内部エネルギー［J/kg］、vは先にも紹介したが比体積［m^3/kg］と呼ばれる。

3.3 開いた系が行う仕事：エンタルピーの登場 (その必要性と活躍の場)

開いた系の代表として、図5.6にガスタービンを模式的に表した系を考える。流体の速度にはvやuを使うことが多いが、熱力学ではそれぞれ体積と内部エネルギーに使われるため、この章では速度をwで表すことにする。作動流体が左の面①から速度w_1で流入し、右の面②からw_2で流出する。その間に熱Qが供給され、タービンの軸出力として仕事L_tが定常的に取り出されているものとする。この場合に重要なのは、閉じた系と異なり作動流体の流入・流出によるエネルギー輸送を考える必要のあることである。質量の保存から、入口①と出口②の質量流量は等しく、ともにmと表すことができるので、単位質量流量あたりのエネルギー輸送量をそれぞれe_1、e_2で表せば、系内におけるエネルギーの変化$\varDelta E$は次のように表される。

$$\varDelta E = Q + \dot{m}e_1 - L_t - \dot{m}e_2 \qquad (5.15)$$

定常な状態（定常運転）であることを考えれば、系に蓄積されるエネルギーはなく$\varDelta E = 0$でなければならないので、この系から外に取り出され

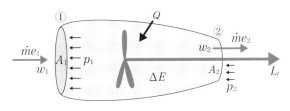

図5.6　開いた系におけるエネルギー輸送と仕事

図5.7　流れのエネルギー輸送

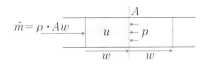

る仕事L_tは次式となる。

$$L_t = Q + \dot{m}(e_1 - e_2) \qquad (5.16)$$

　ここで重要なのは、入口と出口では状態が異なるため、それぞれで場所におけるエネルギー輸送量eを正しく表現しなければならないことである。ただちに思い浮かぶのは、流体自身が持つ内部エネルギーが流体とともにそのまま運ばれることであるが、それでは不十分である。その理由を図5.7をもとに詳細に考えてみよう。

　図のように、断面Aを流速wで流れているときの質量流量$\dot{m}$は、その場の密度ρと体積流量に相当する長さwの流体部の体積Awとの積から、$\dot{m} = \rho A w$となる。したがって、断面Aを単位時間に通過する流体が持つ内部エネルギーは、比内部ネルギーuを用いて確かに$\dot{m}u$である。ところが、断面Aには前方にある流体からの圧力pが作用しており、単位時間にwの距離を移動するためには、この圧力に逆らってその体積分の空間を獲得する必要がある。つまり、そのための仕事をしなければならない。ちょうど満員電車に乗り込む際に、自分が入る空間を確保するための押し込み仕事を前方に対して行わなければならないのとまったく同じ状況である。

　連続体としての流体が流れを持続するためには、この押し込み仕事が不可欠であり、その意味で**流動仕事**と呼ばれる。すなわち、Aを通過するた

めに必要な仕事 pAw が流動仕事として前方の流体に加えられることになる。したがって、A より前方には内部エネルギーと流動仕事が輸送される。

$$\dot{m}e = \dot{m}u + pAw \qquad (5.17)$$

ここで、$\dot{m} = \rho Aw$ の関係、および密度を比体積の逆数に置き換えると、流動仕事の項は次のように書き換えられる。

$$pAw = p \cdot \frac{\dot{m}}{\rho} = \dot{m}pv \qquad (5.18)$$

つまり、単位質量流量あたりの流体のエネルギー輸送量は以下の式となる。

$$e = u + pv \qquad (5.19)$$

繰り返すが、流体が流れるためには右辺第2項の流動仕事 pv を必ず伴うため、内部エネルギーと必ずカップルとなって輸送される。そこで、内部エネルギーと流動仕事を1つにまとめて表現する方が便利であるため、**エンタルピー**として用いられている。すなわち、質量 m の流体のエンタルピーを H、単位質量あたりの比エンタルピーを h とし、次式で定義する。

$$H = U + pV \qquad (5.20)$$

$$h = u + pv \qquad (5.21)$$

このエンタルピーは、考えている位置の状態量によって表現されているため、その場所で決まる状態量となる。したがって、図5.6の入口と出口のそれぞれの状態で決まる値をとることになり、式（5.16）の e_1、e_2 が比エンタルピーによって表される。なお、ガスタービンのように高速な流れを伴う場合には、運動エネルギーも同時に持ち込まれるため、流れによるエネルギー輸送としては次式を用いる必要がある。

$$e_1 = h_1 + \frac{1}{2}w_1^2 \qquad (5.22)$$

$$e_2 = h_2 + \frac{1}{2}w_2^2 \qquad (5.23)$$

これより、式（5.16）の出力は次のようになる。

$$L_t = Q + m\left\{(h_1 - h_2) + \frac{1}{2}(w_1^2 - w_2^2)\right\} \qquad (5.24)$$

　ある蒸気タービンに、比エンタルピー3000kJ/kgの蒸気が800m/sの速度で流入し、比エンタルピー2000kJ/kg、速度250m/sとなって流出している。蒸気の質量流量が毎時6000kg/h、蒸気タービンからの放熱損失が500kWのとき、この蒸気タービンの出力を求めよ。

【解答】

まず問題内容を下の図のように示して、意味を理解する。

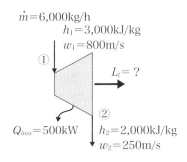

$\dot{m}=6{,}000$kg/h
$h_1=3{,}000$kJ/kg
$w_1=800$m/s
①
$L_t=?$
$Q_{loss}=500$kW
②
$h_2=2{,}000$kJ/kg
$w_2=250$m/s

蒸気の質量流量を$\dot{m}$とすると、

$$\dot{m}=6000/3000=1.67\text{kg/s}$$

蒸気タービンのエネルギー保存則は、エネルギーの流入と流出の釣り合いから、

$$\dot{m}\left(h_1+\frac{w_1^2}{2}\right)=\dot{m}\left(h_2+\frac{w_2^2}{2}\right)+L_t+Q_{loss}$$

したがって、

$$L_t=\dot{m}\left[(h_1-h_2)+\frac{w_1^2-w_2^2}{2}\right]-Q_{loss}$$

が得られる。

ここで、比エンタルピーの単位がkJであることと、損失熱量の単位もkWであることに注意して、数値を代入すると、以下のようになる。

$$L_t=1.67\left[(3000-2000)\times10^3+\frac{800^2-250^2}{2}\right]-500\times10^3=1648\times10^3\text{W}$$

すなわち、$L_t=1648$kWが求める答えである。

この問題でも、各量の単位をしっかりとそろえることに気をつけたい。

3.4　開いた系の熱力学の第一法則と工業仕事

作動流体の運動エネルギーが無視できるとき、開いた系における熱力学の第一法則を閉じた系と同じく微分形で導くことにする。図5.8に示すように、エンタルピーがHで流入し、$H+dH$となって流出する際に、外部より熱δQの供給があって、外部に仕事δL_tを行う系を考える。このときのエネルギーの釣り合いから次式が得られる。

$$H+\delta Q=H+dH+\delta L_t \quad \text{すなわち} \quad \delta Q=dH+\delta L_t \qquad (5.25)$$

この式が開いた系での熱力学の第一法則を表すものであり、閉じた系の式（5.9）での内部エネルギーに代えてエンタルピーを用いた表現となる。ここで、エンタルピーの定義$H=U+pV$を用いれば、

$$\delta Q=d(U+pV)+\delta L_t=dU+pdV+Vdp+\delta L_t$$

となる。さらに、式（5.9）の関係を用いれば、次式が得られる。

$$\delta L_t=-Vdp \qquad (5.26)$$

一見、マイナスの仕事のように思えるが、膨張（$dp<0$）することによって正の仕事が生まれることを示している。図5.8には、この仕事をp-V線図上に描いた図も示している。閉じた系で状態変化をした場合と異なり、状態変化を示す曲線と左側の圧力軸とで囲まれる面積が仕事として出力されることがわかる。このように、閉じた系が行う仕事と異なることから、両者を区別し、閉じた系が行う仕事を**絶対仕事**、開いた系が行う仕事を**工業仕事**と呼んでいる。

図5.8　開いた系における仕事（工業仕事）

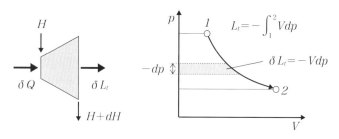

ここで、絶対仕事と工業仕事の違いをさらに明確にしておく。*p-V*線図上で、状態1から2まで作動流体が状態変化するとき、閉じた系であればそのまま絶対仕事が得られるが、開いた系では流動仕事*pV*の分まで仕事として取り出してしまうと、もはや流れは実現できなくなる。つまり、開いた系では流動仕事の分は仕事として使えないのである。このことは、以下の関係からも明らかであり、工業仕事は絶対仕事から流動仕事を差し引いた量となる。

$$\delta L_t = \delta L - d(pV) = pdV - (pdV + Vdp) = -Vdp \qquad (5.27)$$

以上より、開いた系に対する熱力学の第一法則は、次式で表現される。

$$\delta Q = dH - Vdp \qquad (5.28)$$

3.5　理想気体に対する開いた系の熱力学の第一法則

　式（5.20）、（5.21）より、理想気体のエンタルピーは、内部エネルギーと同じく温度のみの関数であることがわかる。

$$H = U(T) + pV = U(T) + mRT, \quad h = u(T) + pv = u(T) + RT$$

$$(5.29a, \ 29b)$$

　したがって、内部エネルギーと定積比熱との関係（5.11）、（5.13）と同様に、エンタルピーと関連する比熱を定義することができる。すなわち、定圧比熱c_pである。圧力一定（$dp = 0$）の下では、式（5.28）より、QをTで偏微分して

$$\left(\frac{\partial Q}{\partial T}\right)_p = \frac{dH}{dT} = mc_p \qquad (5.30)$$

つまり、エンタルピーは定圧比熱を用いて次のように温度と関連付けられる。

$$dH = mc_p dT, \quad dh = c_p dT \qquad (5.31a, \ 31b)$$

　また、理想気体に対する開いた系の熱力学の第一法則は、状態量の基本3要素（圧力、体積、温度）を用いて次式で表現できる。

$$\delta Q = mc_p dT - Vdp, \quad \delta q = c_p dT - vdp \qquad (5.32a, \ 32b)$$

3.6 理想気体の2つの比熱の関係

閉じた系、開いた系に対する熱力学の第一法則を、理想気体に対して改めて以下に示す。

$$\delta q = c_v dT + p dv \qquad (5.14)$$

$$\delta q = c_p dT - v dp \qquad (5.32)$$

これら2式の右辺を等値すると、理想気体であれば、

$$(c_p - c_v) dT = p dv + v dp = d(pv) = R dT$$

すなわち、次の**マイヤーの関係**と呼ばれる式を得ることができる。

$$c_p - c_v = R \qquad (5.33)$$

ここでさらに、定圧比熱と定積比熱との比を**比熱比**κとして定義すれば、

$$\kappa = \frac{c_p}{c_v} \qquad (5.34)$$

理想気体の2つの比熱は、比熱比と気体定数によって次のように表現することができる。

$$c_v = \frac{1}{\kappa - 1} R \qquad (5.35)$$

$$c_p = \frac{\kappa}{\kappa - 1} R \qquad (5.36)$$

3.7 理想気体の状態変化

先に示したように状態量の基本3要素は、圧力、体積、温度であり、それらの関係は理想気体であれば状態方程式（5.4）で与えられる。

$$pV = mRT \qquad (5.4)$$

また、内部エネルギーとエンタルピーも状態量であり、理想気体では温度のみの関数である。したがって、熱力学の第一法則はこれらの状態量の変化によって、仕事と熱との関係が表現されている。とくに、仕事は圧力と体積によって絶対仕事や工業仕事のように直接的な表現が可能であるが、熱についてはその限りではなく、これに内部エネルギーやエンタルピーの関係が加わる。一方で、熱力学の第二法則に登場するエントロピーも実は状態量であるが、その値は後で紹介するように熱と密接に関連している。

以上のことと、一般には2つの状態量が決まれば残りの状態量は決まることから、基本3要素（p, V, T）のうちの1つが変化しないといった制限下での状態変化、ならびに熱の出入りを考えない断熱条件下での状態変化について、熱と仕事の関係を具体的に記述し、理解していくことにする。なお、理想気体の単位質量あたりについて表記していく。

(1) 等圧変化（$p = constant$, $dp = 0$）

　圧力pが一定の場合、理想気体の状態方程式$pv = RT$から

$$\frac{v}{T} = constant \qquad (5.37)$$

　これはシャルルの法則であり、最初の状態1と変化後の状態2との間に次式が成立する。

$$\frac{v_1}{T_1} = \frac{v_2}{T_2} \qquad (5.38)$$

　したがって、この間になす仕事l_{12}と加えられた熱q_{12}は、それぞれ以下の式で求まる。

$$l_{12} = p(v_2 - v_1) \qquad (5.39)$$

$$q_{12} = c_p(T_2 - T_1) \qquad (5.40)$$

　（$\because dp = 0$より式（5.32）が便利であり、工業仕事はゼロとなる）

　圧力が一定として与えられているので、状態2の状態量のうちもう1つ（vかT）が決まれば、式（5.38）を利用して、式（5.39）（5.40）から仕事と熱を求めることができる。

(2) 等積変化（$v = constant$, $dv = 0$）

　体積が一定の場合にも、状態方程式から、状態1と状態2との間に以下の関係が成立する。

$$\frac{p}{T} = \frac{p_1}{T_1} = \frac{p_2}{T_2} = constant \qquad (5.41)$$

　等圧変化と同様に、この間になす工業仕事$l_{t,12}$と加えられた熱q_{12}は、それぞれ次式となる。

$$l_{t,12} = v(p_1 - p_2) \qquad (5.42)$$

$$q_{12} = c_v(T_2 - T_1) \qquad (5.43)$$

（∵（なぜならば）$dv = 0$ より式(5.14)が便利であり、絶対仕事はゼロとなる）

　この場合にも、体積が一定として与えられるので、状態2の状態量のうちもう1つ（pかT）が決まれば、式（5.41）を利用して、式（5.42）（5.43）から仕事と熱が求まる。

(3) 等温変化（$T = constant, dT = 0$）

　温度が一定の場合には、状態方程式から、以下の関係が成立する。

$$pv = p_1v_1 = p_2v_2 = RT = constant \qquad (5.44)$$

　この式はボイルの法則として知られており、圧力と体積は反比例の関係にある。理想気体の等温変化では、内部エネルギーとエンタルピーは変化しないため、加えた熱と外部にする仕事は等しい。つまり、もらった熱をすべて仕事に変換できる状態変化であるいう特徴を持っている。当然のことながら、絶対仕事と工業仕事は一致する。すなわち、以下の関係となる。

$$q_{12} = l_{12} = l_{t,12} = \int_1^2 pdv = -\int_1^2 vdp \qquad (5.45)$$

　積分において式（5.44）の関係を利用すれば、$p = RT/v$あるいは$v = RT/p$より次式を得る。

$$q_{12} = l_{12} = l_{t,12} = RTln\left(\frac{v_2}{v_1}\right) = RTln\left(\frac{p_2}{p_1}\right) \qquad (5.46)$$

(4) 断熱変化（$q = 0, \delta q = 0$）

　断熱変化の場合には、状態方程式からの直接的な関係式は得られず、ボイル・シャルルの法則と呼ばれる以下の関係のままである。

$$\frac{pv}{T} = constant \qquad (5.4')$$

　しかしながら、断熱という条件は熱力学の第一法則を用いることにより新たな関係を与えてくれる。すなわち、理想気体の2つの比熱を導入した

際に用いた第一法則の2つの表現式、

$$\delta q = c_v dT + p dv \quad (5.14)$$

$$\delta q = c_p dT - v dp \quad (5.32)$$

において、$\delta q = 0$ とすれば、2式の順序を変えて、

$$c_p dT = v dp \quad (5.32')$$

$$c_v dT = - p dv \quad (5.14')$$

辺々割り算を行えば、比熱比 κ が登場する。

$$\kappa = - \left(\frac{dp}{p} \right) \Big/ \left(\frac{dv}{v} \right) \quad \text{すなわち、} \left(\frac{dp}{p} \right) + \kappa \left(\frac{dv}{v} \right) = 0$$

これを積分して次式の関係が得られる。

$$pv^{\kappa} = constant \quad (5.47)$$

この式が、これまでの等圧、等積、等温変化における状態間の関係式に相当する。つまり、断熱変化の式として忘れてはならない重要な関係式である。

なお、この断熱変化の式は圧力と体積との関係を表しているが、理想気体の状態方程式を用いれば、たとえば式（5.4'）で割り算を行えば、圧力が消え、温度と体積との関係として、

$$Tv^{\kappa - 1} = constant \quad (5.48)$$

さらに、式（5.47）と（5.48）から体積 v を消去すると、圧力と温度の関係として、

$$\frac{T}{p^{\frac{\kappa - 1}{\kappa}}} = constant \quad (5.49)$$

を得る。その場面に応じてこれら3つの関係式を使い分ければよい。

最後に、断熱変化における絶対仕事と工業仕事を求めておく。それぞれに、定義式（5.7）および（5.26）を直接積分して求めることもできるが、ここでは熱力学第一法則の2つの表現式（5.14）と（5.32）から求めることにする。すなわち、断熱変化では自分の持つ内部エネルギーを消費して絶対仕事を行うこと、同様にエンタルピーを消費して工業仕事を行うという特徴がある。つまり、

$$\delta l = - du = - c_v dT, \quad \delta l_t = - dh = - c_p dT$$

であるから、比熱の表現式（5.35）を用いると絶対仕事は以下のように表現できる。

$$l_{12} = -\int_1^2 c_v dT = c_v(T_1 - T_2) = \frac{R}{\kappa - 1} T_1\left(1 - \frac{T_2}{T_1}\right)$$

$$= \frac{RT_1}{\kappa - 1}\left\{1 - \left(\frac{v_1}{v_2}\right)^{\kappa-1}\right\} = \frac{p_1 v_1}{\kappa - 1}\left\{1 - \left(\frac{p_2}{p_1}\right)^{(\kappa-1)/\kappa}\right\} \quad (5.50)$$

工業仕事は、絶対仕事を用いると次式で求まる。

$$l_{t,12} = c_p(T_1 - T_2) = \kappa l_{12} \quad (5.51)$$

【例題5.3】
　容積0.5m³の圧力容器に圧力0.5MPa、温度15℃の空気が入っている。この容器の圧力が1MPaになるまで加熱したとき、空気の温度と加えた熱量を求めよ。空気は定積比熱715J/(kgK)、気体定数287J/(kgK) の理想気体とする。

【解答】
まず容器内の空気の質量を理想気体の状態方程式から求めておく。

$$m = \frac{p_1 V}{RT_1} = \frac{0.5 \times 10^6 \cdot 0.5}{287 \cdot (273 + 15)} = 3.0\text{kg}$$

等積変化より、式（5.41）から

$$T_2 = T_1 \frac{p_2}{p_1} = 288\frac{1.0}{0.5} = 576\text{K}$$

加熱量は、熱力学の第一法則より、

$$Q = mc_v(T_2 - T_1) = 3.0 \cdot 715(576 - 288) = 617.76 \times 10^3\text{J} = 617.8\text{kJ}$$

【例題5.4】

摩擦の作用しないピストンを持ったシリンダー内に、温度300℃、圧力0.2MPaの空気が2kg入っている。今、圧力を一定のまま体積を半分にしたとき、空気に加えられた熱量、空気が外部にした仕事、空気の内部エネルギーとエンタルピーの変化を求めよ。なお、空気は定圧比熱1005J/(kgK)、気体定数287J/(kgK) の理想気体とする。

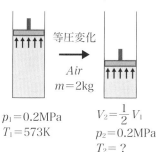

$p_1 = 0.2\text{MPa}$
$T_1 = 573\text{K}$

$V_2 = \dfrac{1}{2} V_1$
$p_2 = 0.2\text{MPa}$
$T_2 = ?$

【解答】

等圧変化より、式（5.38）から

$$T_2 = T_1 \left(\frac{V_2}{V_1}\right) = (273 + 300)\left(\frac{1}{2}\right) = 286.5\text{K}$$

熱力学の第一法則には圧力変化がないことから、式（5.40）を考え、質量を考慮して加熱量が以下のように求まる。

$$Q = mc_p(T_2 - T_1) = 2 \cdot 1005(286.5 - 573) = -573.6 \times 10^3 \text{J} = -573.6\text{kJ}$$

この熱量は、エンタルピーの変化量と同じなので、

$$H_2 - H_1 = Q = -573.6\text{kJ}$$

仕事は、

$$L = p(V_2 - V_1) = p_1 V_1\left(\frac{V_2}{V_1} - 1\right) = mRT_1\left(\frac{V_2}{V_1} - 1\right) = 2 \cdot 287 \cdot 573\left(\frac{1}{2} - 1\right)$$

$$= -164.5 \times 10^3 \text{J} = -164.5\text{kJ}$$

となり、体積を求めなくても求まる。

内部エネルギーの変化は、再び熱力学の第一法則；$Q = (U_2 - U_1) + L$から求まる。

$$U_2 - U_1 = Q - L = -573.6 + 164.5 = -409.1\text{kJ}$$

4.1 サイクルによる連続的エネルギー変換

　熱機関による仕事を考えるにあたり、まず流動仕事を考える必要のない閉じた系を対象とする。閉じた系の仕事は、前述のように正式には絶対仕事と呼ばれるが、一般には単に仕事と呼んでいる。図5.9に示すように、最小体積 V_1（状態1）と最大体積 V_2（状態2）との間を往復駆動するピストン・シリンダー系を考える。まず膨張行程（状態1→2）では、p-V 線図上で経路 a をたどるとする。すると、この過程で系は外部に以下の仕事を行うことができる。

$$L_{12}^a = \int_{1a}^{2} pdV \qquad (5.52)$$

　p-V 線図上では、（1→a→2）で描く曲線の下側の面積がその仕事の大きさを表す。このままでは仕事を連続的に取り出すことはできないので、再び最初の状態点1まで戻る必要がある。この際、同じ a の経路を逆にたどってしまうと同じ大きさの仕事を外部から与えなければならないため、a の経路よりも低圧側の経路を選ぶ必要がある。その経路を図のように（2→b→1）の圧縮行程とすると、外部から与える仕事は次式となる。

$$L_{21}^b = \int_{2b}^{1} pdV \qquad (5.53)$$

図5.9　熱機関のサイクル

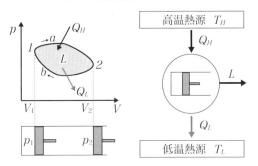

これらの仕事の差が、この全体過程で系外に取り出される正味の仕事 L（出力）となる。

$$L = L_{12}^a - L_{21}^b = \int_{1a}^2 pdV - \int_{2b}^1 pdV = \oint pdV \qquad (5.54)$$

この式が示すように、正味の出力は p-V 線図上では周積分（囲まれた面積）として表され、いわゆる右回りにサイクリックに状態変化している。そこでこのような繰り返される状態変化のことを**サイクル**と呼んでいる。

もし、逆に左回りに経路をたどる場合には、正味の出力はマイナス、つまり外部からの仕事の供給が必要になる。このサイクルを逆サイクルと呼ぶが、その経路がまったく同じであり、やりとりを行う熱と仕事の大きさが同じで、外界を含めて他に何も影響を及ぼさない場合に**可逆サイクル**と呼ばれる。

4.2　カルノーサイクル

熱機関のサイクルのうち、理論的に最大の効率を示すサイクルとして知られているのが、カルノーサイクルである。1824年にニコラ・レオナール・サディ・カルノー（Nicolas Leonard Sadi Carnot）が「火の動力について」という論文で24歳のときに発表している。

カルノーが考えたサイクルは、熱のすべてを仕事に変換できる可逆の等温変化と、仕事に熱を必要としない可逆の断熱変化という2種類の可逆変化によって構成されるサイクルであった。すなわち、図5.10に示すように、以下の4つの可逆過程から構成されるサイクルである。

　　　（1→2）等温膨張：高温熱源 T_H から熱 Q_H を受ける（図5.9参照）
　　　（2→3）断熱膨張
　　　（3→4）等温圧縮：低温熱源 T_L に熱 Q_L を捨てる
　　　（4→1）断熱圧縮

カルノーによれば、このサイクルの熱効率は作動流体の種類によらないため、理想気体を作動流体として以下に熱効率を求めてみる。

まず、（1→2）の等温膨張過程で温度 T_H の高温熱源から受ける熱量は、内部エネルギーの変化がないことから熱力学の第一法則により、

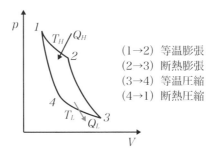

図5.10　カルノーサイクルのp-V線図

（1→2）等温膨張
（2→3）断熱膨張
（3→4）等温圧縮
（4→1）断熱圧縮

$$Q_H = \int_1^2 pdV = mRT_H \int_1^2 \frac{dV}{V} = mRT_H ln\left(\frac{V_2}{V_1}\right) \qquad (5.55-1)$$

同様に、（3→4）の等温圧縮過程で低温熱源T_Lに捨てる熱量Q_Lは、

$$Q_L = -\int_3^4 pdV = mRT_L \int_4^3 \frac{dV}{V} = mRT_L ln\left(\frac{V_3}{V_4}\right) \qquad (5.55-2)$$

となる。次に、2つの断熱過程（2→3）と（4→1）について、等温変化の条件：$T_1 = T_2 = T_H$ および $T_3 = T_4 = T_L$ を考えれば、

$$T_2 V_2^{\kappa-1} = T_3 V_3^{\kappa-1} \rightarrow T_H V_2^{\kappa-1} = T_L V_3^{\kappa-1} \qquad (5.55-3)$$

$$T_4 V_4^{\kappa-1} = T_1 V_1^{\kappa-1} \rightarrow T_H V_1^{\kappa-1} = T_L V_4^{\kappa-1} \qquad (5.55-4)$$

したがって、体積について以下の関係があることがわかる。

$$\frac{V_2}{V_1} = \frac{V_3}{V_4} \qquad (5.55-5)$$

図5.2にも示しているように、サイクルの理論熱効率は$1 - Q_L/Q_H$で与えられるので、カルノーサイクルの理論熱効率は、以下のように両熱源の温度によって与えられる。

$$\eta_{carnot} = 1 - \frac{Q_L}{Q_H} = 1 - \frac{mRT_L ln\left(\frac{V_3}{V_4}\right)}{mRT_H ln\left(\frac{V_2}{V_1}\right)} = 1 - \frac{T_L}{T_H} \qquad (5.56)$$

これより、カルノーサイクルの熱効率が作動流体に関係なく、両熱源の温度のみによって決まることがわかる。また、次の関係から、ケルビン単位［K］の絶対温度が熱力学的温度と呼ばれる理由でもある。

$$\frac{Q_L}{Q_H} = \frac{T_L}{T_L} \qquad (5.57)$$

　カルノーサイクルの熱効率は、両熱源と作動流体との熱の授受が無限小の温度差で行われることや、状態変化が完全な可逆変化であり、不可逆変化の原因となる摩擦などの如何なる損失も発生しないという純粋に理想的な状況で作動するサイクルである。これを実現することは現実的に難しいが、究極的に最高効率を示す理想的なサイクルであることは確かであり、カルノー効率を目標としてエンジン等の熱機関の開発が進められている。

4.3　状態量としてのエントロピーの登場（その必要性）

　カルノー効率が熱機関の中で最高効率を示すことから、同じ温度の熱源を用いて動作する一般の熱機関と熱効率を比較すれば、当然ながら以下の関係にある。

$$\eta_{carnot} = 1 - \frac{T_L}{T_H} \geq \eta = 1 - \frac{Q_L}{Q_H} \quad \text{すなわち } \frac{Q_H}{T_H} \leq \frac{Q_L}{T_L}$$

　ここで、Q_Lは低温熱源に捨てる熱量であるが、符号を反転して$-Q_L$の熱を受け取ることと同じである。そこで受け取る熱をすべて正にする表記法に変えれば、次の式に書き直すことができる。

$$\frac{Q_H}{T_H} + \frac{Q_L}{T_L} \leq 0 \qquad (5.58)$$

　この式は、2つの熱源間に作動するサイクルについての関係を与えるが、無数の熱源に対して同じ考え方を適応することにより、

$$\Sigma \frac{Q_i}{T_i} \leq 0 \rightarrow \oint \frac{\delta Q}{T} \leq 0 \qquad (5.59)$$

と表すことができる。これはクラウジウスの不等式と呼ばれ、等号はカルノーサイクルのように可逆サイクルの場合に成立する。つまり可逆サイクルの場合には、熱Qに可逆という意味でreversibleのrevを添字としてつけ、次のように表記される。

$$\oint \frac{\delta Q_{rev}}{T} = 0 \qquad (5.60)$$

クラウジウスは、この被積分項をエントロピーSの定義に利用した。すなわち、エントロピーという名称は、クラウジウスが名付けたものである。

$$dS = \frac{\delta Q_{rev}}{T} \qquad (5.61)$$

実は、エントロピーは状態が決まれば決まってしまう状態量である。このことを再び図5.9を用いて確認しよう。この図のサイクルが可逆サイクルであれば、aの経路もbの経路も可逆過程でなければならず、次の関係式が成立する。

$$\oint \frac{\delta Q_{rev}}{T} = \int_{1a}^{2} \frac{\delta Q_{rev}}{T} + \int_{2b}^{1} \frac{\delta Q_{rev}}{T} = \int_{1a}^{2} \frac{\delta Q_{rev}}{T} - \int_{1b}^{2} \frac{\delta Q_{rev}}{T} = 0$$

したがって、

$$\int_{1a}^{2} \frac{\delta Q_{rev}}{T} = \int_{1b}^{2} \frac{\delta Q_{rev}}{T} \quad \text{すなわち} \int_{1}^{2} \frac{\delta Q_{rev}}{T} = S_2 - S_1 \qquad (5.62)$$

つまり、式（5.62）の積分はaの経路をたどろうがbの経路をたどろうが、その積分経路によらず、状態点1と2のみによって決まることを意味する。つまり、エントロピーSが状態量であることを示している。

4.4 エントロピーの役割（不可逆変化とエントロピー生成）： 熱力学の第二法則のエントロピーによる表現

図5.9のサイクルにおいて、aの経路が不可逆であると考えれば、サイクルは全体として不可逆サイクルとなる。便宜上、bの経路は可逆のままとすると、逆向きに状態変化をすることができるため、この場合には式（5.59）より、

$$\oint \frac{\delta Q}{T} = \int_{1a}^{2} \frac{\delta Q}{T} + \int_{2b}^{1} \frac{\delta Q_{rev}}{T} = \int_{1a}^{2} \frac{\delta Q}{T} - \int_{1b}^{2} \frac{\delta Q_{rev}}{T} < 0$$

すなわち、

$$\int_{1a}^{2} \frac{\delta Q}{T} < \int_{1b}^{2} \frac{\delta Q_{rev}}{T} = S_2 - S_1 \qquad (5.63)$$

不可逆過程における（$\delta Q/T$）の積分値はエントロピー変化より小さく

なる。くどいようだが、エントロピーは積分経路には無関係な状態量であるが、不可逆過程で$(\delta Q/T)$を積分すれば、エントロピーの差よりも小さい値になることを認識しておく必要がある。この関係を可逆・不可逆を含めて一般的に表現すると次式となる。

$$\int_1^2 \frac{\delta Q}{T} \leq S_2 - S_1 \quad (等号成立は可逆過程のとき) \qquad (5.64)$$

不等式では考えに混乱を招くことが多いことがある。そこで、この不等式を等式に置き換えて表現することを考え、$(\delta Q/T)$の積分では不足する分を新たに**エントロピー生成**S_{gen}（entropy generation）として導入する。

$$S_{gen} = (S_2 - S_1) - \int_1^2 \frac{\delta Q}{T} \geq 0 \qquad (5.65)$$

つまり、式（5.64）の不等式が以下の等式にその表現を変える。

$$\int_1^2 \frac{\delta Q}{T} + S_{gen} = S_2 - S_1 \quad ただし \quad S_{gen} \geq 0 \qquad (5.66)$$

微分形で書けば、左右の辺を入れ替えて、

$$dS = \frac{\delta Q}{T} + dS_{gen} \qquad (5.67)$$

この式の意味は、状態変化によって状態量であるエントロピーに生じる差（エントロピー変化）には、熱の流入による増分$(\delta Q/T)$に加えて、不可逆過程で生じるエントロピー生成があるということである。あらゆる不可逆過程において$S_{gen} > 0$であり、可逆過程のみにおいて$S_{gen} = 0$となり、$S_{gen} < 0$はありえない。

自然現象はすべてが不可逆過程である。したがって、熱力学の第二法則はこのエントロピー生成を用いて次のように一般化して表現される。

『すべての自然現象は、エントロピー生成が生じる方向に進む。つまり、$S_{gen} > 0$の現象のみ生じ、これに反する現象は起こり得ない』

4.5 閉じた系と開いた系のエントロピー保存式

エントロピー生成の最大の利点は、等式、すなわちエントロピーの保存則として熱力学の第二法則を表現できることである。その具体例を図5.11

を用いて示す。

　まず、閉じた系では、系の境界を通して熱輸送があるとき、式（5.67）と同じ考えで境界の温度Tと熱δQで表される$\delta Q/T$が流入する。また、この過程で系内に生じるエントロピー生成をdS_{gen}とすれば、系のエントロピー変化dSは次式となる。

$$dS = \frac{\delta Q}{T} + dS_{gen}, \quad dS_{gen} \geq 0 \qquad (5.68)$$

　開いた系では、定常状態で流入・流出する物質の質量流量を$\dot{m}$で表し、単位質量あたりのエントロピーである比エントロピーsを用いて単位時間あたりに物質とともに流入・流出するエントロピーを表現すればよい。したがって、系のエントロピー変化も単位時間あたりを基準に考え、エントロピー生成についても単位時間あたりのエントロピー生成率として$\dot{S}_{gen}$で表せば、

$$d\dot{S} = \frac{\delta \dot{Q}}{T} + \dot{m}(s_{in} - s_{out}) + d\dot{S}_{gen}, \quad d\dot{S}_{gen} \geq 0 \qquad (5.69)$$

　つまり、熱輸送による項と物質輸送による項があり、これに系内でのエントロピー生成が加わると理解すればよい。

4.6　エントロピー変化の計算法

　エントロピーは状態量であるが、状態変化に伴うエントロピーの変化を実際の不可逆過程から求めることは困難である。しかし、その定義式

図5.11　閉じた系と開いた系のエントロピーの保存

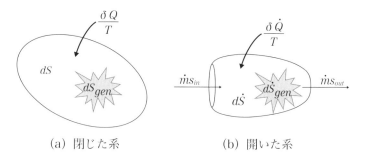

（a）閉じた系　　　　　　　　（b）開いた系

（5.61）からわかるように、可逆過程を用いて計算することは可能である。

理想気体について、以下にその計算法を示しておく。単位質量当たりの熱力学の第一法則によれば、式（5.14）と（5.32）、および状態方程式 $pv = RT$ を用いて、

$$ds = c_v \frac{dT}{T} + \frac{p}{T} dv = c_v \frac{dT}{T} + R \frac{dv}{v} \qquad (5.70)$$

$$ds = c_p \frac{dT}{T} - \frac{v}{T} dp = c_p \frac{dT}{T} - R \frac{dp}{p} \qquad (5.71)$$

初期状態1から状態2までの変化を考えると、両式を積分して、

$$\varDelta s = s_2 - s_1 = c_v ln\left(\frac{T_2}{T_1}\right) + R ln\left(\frac{v_2}{v_1}\right) \qquad (5.72)$$

$$\varDelta s = s_2 - s_1 = c_p ln\left(\frac{T_2}{T_1}\right) - R ln\left(\frac{p_2}{p_1}\right) \qquad (5.73)$$

なお、液体や固体であれば体積変化が無視できるので、比熱に区別はなく c で表せば、以下の式で計算できる。

$$\varDelta s = s_2 - s_1 = c ln\left(\frac{T_2}{T_1}\right) \qquad (5.74)$$

4.7 *T-s*線図と熱輸送量

エントロピー s は、p、V、T と同じく状態量であるが、p、V が仕事に関連していることと同じように、温度 T とともに熱に関連することがその定義式（5.61）からもわかる。可逆変化において受け取る熱は次式で表現できる。

$$Q_{rev} = Tds \qquad (5.75)$$

つまり、仕事 pdV について p-V 線図が使われたと同じように、熱について縦軸に温度 T、横軸にエントロピー s をとった T-s 線図を用いれば、変化を示す曲線の下側の面積がその間に受けた熱を表すことになり、視覚的に熱の大きさを認識することが可能となって便利である。

たとえば、可逆サイクルの代表であるカルノーサイクルを T-s 線図に描けば、図5.12のように特徴的な矩形となる。受熱過程は（1→2）の温度

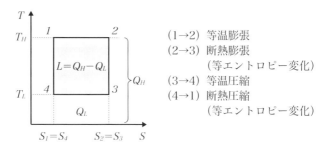

図5.12　カルノーサイクルの T-s 線図

（1→2）等温膨張
（2→3）断熱膨張
　　　　（等エントロピー変化）
（3→4）等温圧縮
（4→1）断熱圧縮
　　　　（等エントロピー変化）

T_H の等温変化であり、その熱 Q_H は T-s 線図の下側の面積であり、放熱過程（3→4）では温度 T_L の等温の下で下側の面積に等しい熱 Q_L を放出する。したがって、カルノーサイクルが出力する仕事は図の四角形（1→2→3→4）の面積で表される。断熱変化の2つの過程（2→3）、（4→1）では熱の出入りはないから、エントロピーは変化せず等しい値となる。そこで、可逆の断熱変化のことを**等エントロピー変化**と呼ぶ。不可逆の断熱変化では、エントロピー生成が発生するためエントロピーは増加し、T-s 線図では右側にずれることになる。その原因として考えられるのは、流体摩擦などの発生である。

　なお、カルノーサイクルの熱効率を高めるためには、サイクルが囲む四角形の面積を大きくすることを考えればよく、より高温側へ、より低温側へ広げるという視覚的な知見に到達し、熱効率の式（5.56）の意味することにつながる。

5 ｜ 熱機関の具体例

　ここでは、熱から動力を取り出す熱機関のサイクルについて具体的に見ていく。ただし、より専門的な内容については他書に譲り、これまでに述べた基本的な熱力学の知識に基づくことを重視し、閉じた系の代表的な体積型の熱機関として自動車用ガソリンエンジンと、開いた系としてガス

タービン、そしてガス以外の作動流体として気液の相変化を伴う発電用蒸気サイクルについて紹介する。

5.1　自動車用ガソリンエンジン

　自動車用のガソリンエンジンは、燃料に揮発性の高いガソリンを使用し、その燃焼を開始するために点火プラグと呼ばれる点火装置を有する点に大きな特徴がある。最初に実用化したドイツのニコラウス・アウグスト・オットー（Nikolaus August Otto）にちなんで、**オットーサイクル**と呼ばれている。一般には、図5.13に示すようにピストンの動きが4ストローク（行程）することから、4ストロークサイクルとなっている。

　まず吸気行程で、空気と燃料の混合気がピストン・シリンダー内に導入された後、圧縮行程で高温高圧状態となり、点火プラグで瞬間的に燃焼反応を生じて膨張行程に入る。この膨張行程で外部に仕事を行い、その後の排気行程で燃焼ガスが排出される。

　この4行程のうち、吸気と排気行程は大気に開放しているため圧力変化は小さく、熱力学的サイクルへの貢献はほとんどない。その意味から、気体の出入りがあるので本来は開いた系であるが、閉じた系として取り扱っても問題ない。

　図5.13にオットーサイクルのp-V線図とT-s線図を示しているが、吸気と排気の行程（$0 \rightarrow 1, 1 \rightarrow 0$）はほとんど直線状となっており、サイクルと

図5.13　ガソリンエンジンのサイクル（オットーサイクル）

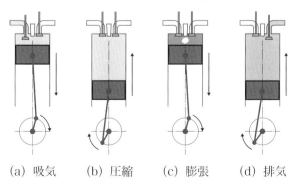

(a) 吸気　　(b) 圧縮　　(c) 膨張　　(d) 排気

しては意味のない行程であることがわかる。また、着火が点火プラグにより一瞬のうちに行われて急激に圧力が上昇し（2→3）、この間の体積変化をほとんど許さない変化となるため、定積変化での熱供給と考えることができる。膨張行程（3→4）に入るときには熱供給は終わっていると考え、断熱変化とみなされる。最後に膨張し終わった気体の排出行程に入るが、膨張し終わった時にはまだ圧力が少し高いため、排気バルブを開けた瞬間に気体は流出し、残った気体が排気行程（1→0）で完全に排気されると考えられるため、膨張終了時点と排気開始時との間（4→1）は定積変化として表記される。すなわちこの定積変化過程（4→1）において外部に熱が捨てられると考える。

図5.14をもとに、作動流体を理想気体とし、各行程が可逆変化を行うものとし、サイクルの理論熱効率を以下に求める。

（1→2）の断熱圧縮では、温度と体積の関係から、

$$T_1 V_1{}^{\kappa-1} = T_2 V_2{}^{\kappa-1} \text{より} \quad T_2 = \left(\frac{V_1}{V_2}\right)^{\kappa-1} T_1 \quad (5.76)$$

（2→3）の等積加熱における加熱量は、定積比熱を用いると、

$$Q_H = mc_v(T_3 - T_2) \quad (5.77)$$

（3→4）の断熱膨張では、式（5.76）と同様に、

$$T_3 V_3{}^{\kappa-1} = T_4 V_4{}^{\kappa-1} \text{より} \quad T_4 = \left(\frac{V_3}{V_4}\right)^{\kappa-1} T_3 = \left(\frac{V_2}{V_1}\right)^{\kappa-1} T_3 \quad (5.78)$$

（4→1）の等積冷却における冷却熱量は、

$$Q_L = mc_v(T_4 - T_1) \quad (5.79)$$

図5.14　オットーサイクルの*p-V*線図と*T-s*線図

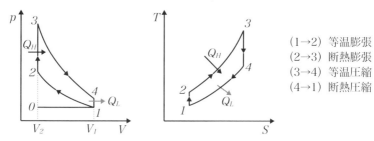

（1→2）等温膨張
（2→3）断熱膨張
（3→4）等温圧縮
（4→1）断熱圧縮

以上より、理論熱効率は次のように求められる。

$$\eta = 1 - \frac{Q_L}{Q_H} = 1 - \frac{T_4 - T_1}{T_3 - T_2} = 1 - \frac{\left(\frac{V_2}{V_1}\right)^{\kappa-1} T_3 - \left(\frac{V_2}{V_1}\right)^{\kappa-1} T_2}{T_3 - T_2} = 1 - \left(\frac{V_2}{V_1}\right)^{\kappa-1}$$

$$(5.80)$$

すなわち、ピストンが下死点にあるときの最大体積 V_1 と、上死点にあるときの最小体積 V_2 との比を圧縮比と呼んで ε で表すと、

$$\varepsilon = \frac{V_1}{V_2} \qquad (5.81)$$

オットーサイクルの理論熱効率は、次式で与えられる。

$$\eta = 1 - \frac{1}{\varepsilon^{\kappa-1}} \qquad (5.82)$$

つまりオットーサイクルでは、圧縮比が大きいほど熱効率は高くなることがわかる。

　実際には、圧縮比をあまり大きくすると、式（5.76）からわかるように圧縮の途中で高温となり、点火する前に自然着火することがある。古くにはノッキングと呼ばれた異常燃焼が発生し、エンジンの性能が発揮できなくなる。そのため、オットーサイクルであるガソリンエンジンの圧縮比はおよそ12程度に留められている。

　なお、圧縮比をこれ以上に大きくしても異常燃焼が発生しない工夫が各自動車メーカーでは行われていることを付記しておく。また、式（5.82）の熱効率に影響を与える比熱比 κ の値も重要であり、希薄な混合気の方が κ の値が大きくなるため、できるだけ薄い混合気で燃焼させるリーンバーン（希薄燃焼）方式も工夫されている。

　また、圧縮比が大きくとれる自動車用のエンジンもある。それはディーゼルエンジンである。ディーゼルエンジンは混合気を使わず、空気をシリンダー内に吸気して圧縮し、高温になった時点で燃料である軽油をノズルから噴射して燃焼させる。空気はいくら圧縮しても燃料がないため燃焼反応は起こらず、燃料噴射のタイミングを設定でき、燃焼制御が可能である。したがって圧縮比を20程度にもすることが可能であり、熱効率も高くなり、クリーンエンジンと呼ばれる所以である。

5.2　ガスタービン

　ガスタービンは、高速で回転する圧縮機によって大量の空気を連続的に圧縮し、この空気にディーゼルエンジンと同じように燃焼室で燃料を噴射して燃焼させ、高温高圧のガスを圧縮機と同じ軸に取り付けた羽根車であるタービン翼に噴射して、回転仕事として取り出す熱機関である。その内部構造の様子と、これをモデル化したものを図5.15に示す。同一の回転軸に、圧縮機とタービンが取り付けられており、これに燃焼器が組み込まれたシステムとなっている。したがって、タービンで得られる動力の一部が圧縮機の圧縮行程に使われ、残りが軸出力として取り出されることになる。

　作動流体の状態変化を見ていくと、まず大気が圧縮機に取り込まれ（状態1）、圧縮機で断熱圧縮されて燃焼器に導かれる（状態2）。燃焼器では流動しながら燃焼反応が生じるため、定圧燃焼により高温となってタービンに向かう（状態3）。タービンでは断熱膨張を行って仕事をして排気される（状態4）。

　この状態変化を作動流体の単位質量流量に対してp-v線図とT-s線図に表すと図5.16のようになる。このガスタービンのサイクルは**ブレイトンサイクル**と呼ばれるが、入口と出口は大気に開放されており、タービンを出た作動流体が圧縮機に入ることはない。しかし、大気中で放熱して最初の状態1に戻ると考え、サイクルが構成される。つまり、（状態4）から（状態1）までは等圧で大気に冷却されることになる。

図5.15　ガスタービンのシステム構成（図の著作権は大丈夫？）

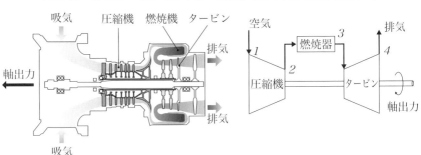

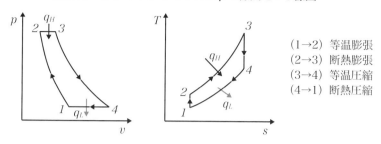

図5.16　ブレイトンサイクルのp-v線図とT-s線図

(1→2) 等温膨張
(2→3) 断熱膨張
(3→4) 等温圧縮
(4→1) 断熱圧縮

　ここでも作動流体を理想気体とし、各行程が可逆変化を行うものとして、サイクルの理論熱効率を求めることにする。

　(1→2) の断熱圧縮では、温度と圧力の関係から、

$$\frac{T_1}{p_1^{(\kappa-1)/\kappa}} = \frac{T_2}{p_2^{(\kappa-1)/\kappa}} \quad \text{より} \quad T_2 = \left(\frac{p_2}{p_1}\right)^{(\kappa-1)/\kappa} T_1 \quad (5.83)$$

　(2→3) の等圧加熱における加熱量は、定圧比熱を用いると、

$$q_H = c_p(T_3 - T_2) \quad (5.84)$$

　(3→4) の断熱膨張では、式 (5.83) と同様に、

$$\frac{T_3}{p_3^{(\kappa-1)/\kappa}} = \frac{T_4}{p_4^{(\kappa-1)/\kappa}} \quad \text{より} \quad T_4 = \left(\frac{p_4}{p_3}\right)^{(\kappa-1)/\kappa} T_3 = \left(\frac{p_1}{p_2}\right)^{(\kappa-1)/\kappa} T_3 \quad (5.85)$$

　(4→1) の等積冷却における冷却熱量は、

$$q_L = c_p(T_4 - T_1) \quad (5.86)$$

以上より、理論熱効率は次のように求められる。

$$\eta = 1 - \frac{Q_L}{Q_H} = 1 - \frac{T_4 - T_1}{T_3 - T_2} = 1 - \frac{\left(\frac{p_1}{p_2}\right)^{(\kappa-1)/\kappa} T_3 - \left(\frac{p_1}{p_2}\right)^{(\kappa-1)/\kappa} T_2}{T_3 - T_2}$$

$$= 1 - \left(\frac{p_1}{p_2}\right)^{(\kappa-1)/\kappa} = 1 - \frac{1}{\gamma^{(\kappa-1)/\kappa}} \quad (5.87)$$

ここに、$\gamma = p_2/p_1$は**圧力比**と呼ばれる。

　なお、式 (5.87) はオットーサイクルの理論熱効率の式 (5.82) とよく似ているが、ブレイトンサイクルの圧縮比を$\varepsilon = v_1/v_2$とすれば、断熱圧縮過程の関係から、

$$\gamma = \frac{p_2}{p_1} = \left(\frac{v_1}{v_2}\right)^{\kappa} \varepsilon^{\kappa} \quad i.e. \quad \eta = 1 - \frac{1}{\varepsilon^{\kappa-1}}$$

となって、オットーサイクルの熱効率と一致する。

5.3 発電用蒸気サイクル（ランキンサイクル）

　発電用の熱機関では、作動流体に水が使われている。水は加熱すると蒸気に変わり、冷却すると再び液体の水に戻る。このような変化を**相変化**と呼ぶが、相変化の際には**潜熱**という非常に大きな熱エネルギーの授受が行われる。逆の言い方をすると、水は蒸発する際に蒸発潜熱という大量の熱エネルギーを保有することが可能であるから、ガスに比べて格段にエネルギー変換のスケールが大きくなる。

　この蒸気のエネルギーを使うことによって産業革命が起こったということは、はじめに述べたとおりである。現代では火力発電所で使用されている。典型的な火力発電所のシステムを図5.17に示す。ボイラー、蒸気タービン、コンデンサー（復水器）、そして発電機が主要部を構成している。これに加え、環境に放出する燃焼ガスに対する環境保全装置も重要な機器として必ず備えられている。

　熱力学的なサイクルとしては、蒸気の相変化を利用したサイクルは、**ランキンサイクル**と呼ばれる。その代表的なシステムの主要機器の配置と状態変化の関係を表す*T-s*線図を図5.18に示す。

　まず、低圧の水（状態1）が給水ポンプで断熱圧縮され（状態2）、ボイラに供給される。ボイラでは燃料の燃焼熱によって水管内を流れる水が等圧加熱され、その圧力に対する飽和温度に達して蒸発が始まり、その後すべてが飽和蒸気、そしてさらに高温の過熱蒸気まで加熱昇温される（状態3）。過熱蒸気は蒸気タービンに導かれ、タービン内で断熱膨張を行って外部に仕事を行う。膨張し終わった低圧の蒸気（状態4）は、コンデンサー（復水器）に入って液体の水の状態に戻り、給水ポンプによって再びボイラに供給されて、サイクルを繰り返す。

　この過程で特徴的なのは、液体から気体、逆の気体から液体に相変化する間は、温度と圧力が一定に保たれる点である。すなわち、圧力一定の下

図5.17　発電用蒸気サイクルのシステム構成例

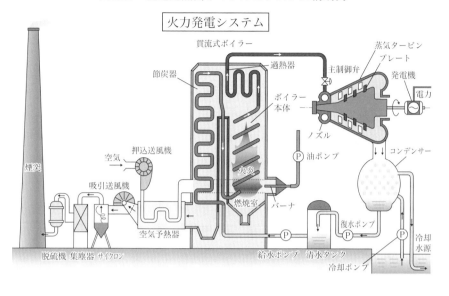

図5.18　ランキンサイクルの主要機器構成と *T-s* 線図

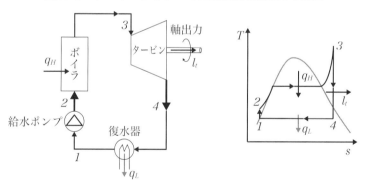

での加熱は大量の潜熱として蒸気に蓄えられ、タービンに輸送される。一方で、冷却されて復水する際は、すでに低温状態となっているものの大量の蒸発（凝縮）潜熱を保有しており、これを系外に捨てなければならない点はエネルギーの有効利用、ひいては地球の温熱環境を守る上で無視できない。その捨て去る熱を再生して利用する技術など、いくつかの工夫が行われている。

ここで、ランキンサイクルの熱効率を求めておこう。作動流体は理想気体ではないため、理想気体の状態方程式や状態変化の式を用いることができない。そこで、蒸気の状態を数値化してデータベース化した**蒸気表**が用いられる。エネルギー量を表現する物理量としては、主要機器が開いた系となるため、流れが運ぶエネルギーとしてエンタルピーが用いられる。簡単にするために給水ポンプに必要な動力が無視できるとし、ランキンサイクル全体での理論熱効率を表せば次式となる。

$$\eta = \frac{l_t}{q_H} = 1 - \frac{q_L}{q_H} \qquad (5.88)$$

ここで、各機器のエネルギー交換量としては、以下のようになる。

　　　ボイラでの加熱量：$q_H = h_3 - h_2$ 　　(5.89)

　　　タービンでの仕事：$l_t = h_3 - h_4$ 　　(5.90)

　　　復水器での冷却量：$q_L = h_4 - h_1$ 　　(5.91)

したがって、理論熱効率は、

$$\eta = \frac{h_3 - h_4}{h_3 - h_2} \quad \text{あるいは} \eta = 1 - \frac{h_4 - h_1}{h_3 - h_2} \qquad (5.92)$$

なお、ポンプ仕事を無視したので、$h_1 \approx h_2$ と考えている。

---

6 ┃ 使えるエネルギーの評価 (エクセルギー)

6.1　熱力学的に可能となる最大仕事

　4.3で紹介した熱力学第二法則のエントロピーを用いた表現法を活用すれば、熱力学の第一法則と連成することにより、熱による仕事の最大値を予測することができる。すなわち、閉じた系に対するエネルギーの保存則である熱力学の第一法則により、

$$\delta Q = dU + \delta L \qquad (5.9)$$

および、エントロピーの保存則である熱力学の第二法則により、

$$dS = \frac{\delta Q}{T} + dS_{gen}、\ dS_{gen} \geq 0 \qquad (5.68)$$

これら2式よりδQを消去すれば、

$$dS_{gen} = TdS - \delta Q = TdS - (dU + \delta L) \geq 0 \qquad (5.93)$$

すなわち、次の不等式を得る。

$$\delta L \leq TdS - dU \qquad (5.94)$$

つまり、不等式の右辺は可逆過程によって達成可能な熱力学的に最大の仕事を与えることになる。

$$\delta L_{max} = TdS - dU \qquad (5.95)$$

もちろん、同様のことを開いた系に対する熱力学の第一法則について考えれば、内部エネルギーの代わりにエンタルピーが用いられるため、

$$\delta Q = dH + \delta L_t \qquad (5.25)$$

$$dS_{gen} = TdS - \delta Q = TdS - (dH + \delta L_t) \geq 0$$

すなわち、工業仕事の最大は以下のようになる。

$$\delta L_{t,max} = TdS - dH \qquad (5.96)$$

6.2　閉じた系と開いた系のエクセルギー

　式（5.95）と式（5.96）は、微小な状態変化に対する熱力学的な最大仕事を表すが、私たちが利用できるエネルギーの最大値として評価できるのは、外部環境の状態まで変化し、以後何も変化が起きない状態まで積分した量になる。つまり、たとえば高温の物質が持つエネルギーのうちで私たちが利用できるエネルギー量としては、この高温物質が外部環境と平衡に達するまでに取り出すことができる最大仕事である。この外部環境を基準に考えた最大仕事のことを**エクセルギー**と呼んでいる。なお、外部環境としては（大気圧、25℃）が標準状態として想定される。以下、閉じた系と開いた系に対するエクセルギーの評価法を示す。

　まず、ピストン・シリンダー系のような閉じた系では、式（5.95）で与えられる最大仕事を考えることになるが、外部環境では大気圧p_oがピストンに作用することになるため、p_oに逆らって行う仕事は、私たちが利用できる仕事にはなり得ない。したがって、その体積変化分の仕事$p_o dV$についてはエクセルギーとして評価することはできない。また、エクセルギーの評価においては、エントロピーが輸送される境界温度として外部環

境温度T_oが使われる。詳細な説明は省略するが、系内部における不可逆性を無視した取り扱いが行われる。そこで、式（5.95）を閉じた系のエクセルギーE_{closed}として表現を変えると次式となる。

$$\delta E_{closed} = T_o dS - dU - p_o dV \qquad (5.97)$$

すなわち、最初の状態を1、外部環境と平衡に達する状態を0と表記すれば、1から0まで積分して、

$$E_{closed} = T_o \int_1^0 dS - \int_1^0 dU - p_o \int_1^0 dV = T_o(S_o - S_1) - (U_o - U_1) - p_o(V_o - V_1)$$

整理して、次の式となる。

$$E_{closed} = (U_1 - U_o) - T_o(S_1 - S_o) - p_o(V_0 - V_1) \qquad (5.98)$$

つまり、本来であれば、物質が最初の状態で保有する内部エネルギーのすべてを環境状態と平衡になるまでのエネルギーレベルになるまで使えると考えたいが、実際には右辺第2項で示されるエントロピーの変化分は使えず、さらに閉じた系であれば大気圧に対する体積増加分の仕事は利用可能な有効エネルギーとして算入することはできないことを意味する。この式の右辺は、いずれも状態量で表されているので、エクセルギーE_{closed}も最初の状態で決まる状態量として考えることも可能であるが、閉じた系を基準に考えていることに留意する必要がある。

では、定常的な流れが存在する開いた系でのエクセルギーはどのように表現できるかを考えておこう。この場合には、すでに式（5.96）で表しているように、エンタルピーを用いた表現となり、最初の状態1から外部環境と平衡に達する状態0まで積分すればよい。

$$E_{open} = T_o \int_1^0 dS - \int_1^0 dH = (H_1 - H_o) - T_o(S_1 - S_o) \qquad (5.99)$$

閉じた系のように容積型で得られる仕事ではないため、体積膨張の項は必要ない。なお、閉じた系のエクセルギーの表現式（5.98）と比較するため、式（5.99）を書き換えれば、

$$\begin{aligned} E_{open} &= (U_1 + p_1 V_1) - (U_o + p_o V_o) - T_o(S_1 - S_o) \\ &= (U_1 - U_o) - T_o(S_1 - S_o) - p_o(V_o - V_1) + V_1(p_1 - p_o) \\ &= E_{closed} + V_1(p_1 - p_o) \end{aligned} \qquad (5.100)$$

すなわち、閉じた系のエクセルギーに流動のエクセルギーが加わったものと理解できる。

6.3 エクセルギー損失とエクセルギー効率

式（5.93）のエントロピー生成をそのまま用いれば、実際の不可逆過程における閉じた系が行う正味の仕事は次のように表される。

$$\delta L_{net} = -dU + T_o dS - p_o dV - T_o dS_{gen} \qquad (5.101)$$

したがって、状態1から状態0まで不可逆変化によって行われる正味の仕事は

$$L_{net} = (U_1 - U_o) - T_o(S_1 - S_o) - p_o(V_o - V_1) - T_o S_{gen} \qquad (5.102)$$

となる。エントロピー生成がゼロ $S_{gen} = 0$ であれば可逆過程であり、その際の正味の仕事はエクセルギーの式（5.69）と一致する。つまり、エントロピー生成による損失分が不可逆変化によるエクセルギー損失 I_{lost} として表記される。

$$L_{lost} = E_{closed} - L_{net} = T_o S_{gen} \qquad (5.103)$$

6.4 熱のエクセルギーとエクセルギー効率

熱エネルギーが本来持つエクセルギーは、その熱 Q_H の温度 T_H と外部環境温度 T_o を低温側として作動するカルノーサイクルによって表現される。すなわち、可逆サイクルであるカルノーサイクルが最大の仕事ができるため、不可逆損失もなく、式（5.56）で与えられるカルノーサイクルの理論熱効率を用いて次のように表すことができる。

$$E = \eta_{carnot} \cdot Q_H = \left(1 - \frac{T_L}{T_H}\right) Q_H \qquad (5.104)$$

最大仕事を行うカルノーサイクルであっても、利用できない熱（捨てなければならない熱）Q_L が必ずあり、人間が利用できない熱という意味で「神様の取り分」である。熱機関の効率を考えるにあたり、この利用できない熱も考慮するよりは、実際に利用できる最大のエネルギーであるエクセルギーを基準に考え、不可逆損失をできるだけ少なくするということをエネルギー利用の観点から目標にすることが妥当とする考え方もある。こ

図5.19　熱のエクセルギーとエクセルギー効率

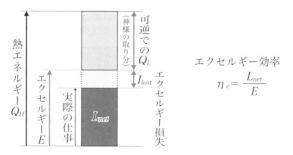

エクセルギー効率

$$\eta_e = \frac{L_{net}}{E}$$

の考えに従えば、熱機関開発の具体的目標として次式で表されるエクセルギー効率が適切である。

$$\eta_e = \frac{L_{net}}{E} \qquad (5.105)$$

以上の関係を視覚的に表したものが図5.19である。

【例題5.5】

　30℃の水20kgと90℃の水30kgがある。外部環境温度を25℃、圧力を0.1MPa、水の比熱を4.19kJ/（kgK）として、以下の問いに答えなさい。

(1) 2つの温度の水のエクセルギーを求めなさい。

(2) 2種類の水を断熱容器中で混合した場合の平衡温度と、混合によるエントロピーの変化を求めなさい。

(3) 混合する前と後での全エクセルギーの変化を求めなさい。

【解答】

(1) 水の体積変化は無視できるので、エクセルギーは$dE = T_0 dS - dU$より、

$$E = T_0 \int_T^{T_0} \frac{mcdT}{T} - \int_T^{T_0} mcdT = mc\left[T_0 ln\left(\frac{T_0}{T}\right) - (T_0 - T) \right]$$

これより、それぞれのエクセルギーは、

$$E_{30} = 20 \cdot 4.19 \left[298 \cdot ln \left(\frac{298}{303} \right) - (298 - 303) \right] = 3.48 \text{kJ}$$

$$E_{90} = 30 \cdot 4.19 \left[298 \cdot ln \left(\frac{298}{363} \right) - (298 - 363) \right] = 780.0 \text{kJ}$$

(2) 混合後の温度を T とすると、混合の前後で内部エネルギーは等しいことから、

$$m_{30} c T_{30} + m_{90} c T_{90} = (m_{30} + m_{90}) T$$

$$\therefore T = \frac{m_{30} T_{30} + m_{90} T_{90}}{m_3 0 + m_{90}} = \frac{20 \cdot 303 + 30 \cdot 363}{20 + 30} = 339 \text{K}$$

混合によるエントロピー変化は、それぞれの水の温度変化から

$$\varDelta S = mcln \left(\frac{T}{T_i} \right) \text{より}$$

$$\varDelta S = \varDelta S_{30} + \varDelta S_{90} = \left[20ln \left(\frac{339}{303} \right) + 30ln \left(\frac{339}{363} \right) \right] \cdot 4.19 = 0.8098 \text{kJ/K}$$

(3) 混合後のエクセルギーは、

$$E = 50 \cdot 4.19 \left[298 \cdot ln \left(\frac{298}{339} \right) - (298 - 339) \right] = 541.7 \text{kJ}$$

したがって、全エクセルギーの変化は、

$$\varDelta E = E - (E_{30} + E_{90}) = 541.7 - (3.48 + 780.0) = -241.75 \text{kJ}$$

つまり、混合によって全体のエネルギー評価値は減少することがわかる。

この差は混合による不可逆損失であり、混合によるエントロピー変化から求まる

$$L_{lost} = T_0 \varDelta S = 298 \times 0.8098 = 241.32 \text{kJ}$$

に誤差範囲内で一致している。

(1) 蒸気タービンに、比エンタルピー3200kJ/kgの蒸気が900m/sの速度で流入し、比エンタルピー2500kJ/kg、速度300m/sとなって流出する。蒸気の質量流量を毎時3600kg/hとし、このタービンからの放熱損失が100kWあったとする。この蒸気タービンの出力を求めよ。

解答→ （960kW）

(2) ある発電所のボイラーに、比エンタルピーが628kJ/kg、流速が1.5m/sの速さで質量流量が12kg/sの水が供給されている。このボイラーでは、43.2MJ/kgの燃料が毎時2.5トン消費している。そのすべてがボイラーで加熱に使用されていると仮定し、出口の蒸気の比エンタルピーを求めよ。なお、出口での蒸気の流速は200m/sであり、出口は入口より6.5mだけ高い位置にあるとする。

解答→ （3108kJ/kg）

(3) ある自動車用のエンジンが、60kWの出力で、熱効率25％で作動している。このとき、エンジンが1時間で消費する燃料の質量を求めよ。ただし、この燃料の発熱量は44MJ/kgとする。

解答→ （19.6kg/h）

(4) 1000℃の高温熱源と、100℃の低温熱源を利用して、熱効率75％の熱機関を開発しようとする計画がある。この計画は、達成できるか？

解答→ （達成できない）

(5) 温度が400℃の高温熱源と20℃の低温熱源を利用するカルノーサイクルがある。高温熱源から5.0×10^6kJ/hの熱量を利用できるとき、サイクルの熱効率、単位時間あたりに発生する仕事 ［kW］、および捨てる熱量 ［kW］ を求めよ。

解答→ （熱効率：0.565、仕事：787kW、捨てる熱量：602kW）

(6) 温度27℃、圧力0.1MPaの空気が2kgある。温度を一定に保ったまま圧力を0.3MPaまで圧縮したい。圧縮に必要な仕事とこの際の熱の出入りを求めよ。

解答→（$L = Q = -189.2$kJ）

(7) 20℃、0.1MPaの空気3000cm³の体積を、断熱的に1/20にするとき、必要な仕事と、圧縮後の圧力と温度を求めよ。なお、空気は比熱比1.4、気体定数287J/（kgK）の理想気体とする。

解答→（必要な仕事：1.695kJ、圧力：6.63MPa、温度：971K）

(8) 魔法瓶の中に氷が2kg入っている。魔法瓶といっても完全に断熱されたわけではないので、氷が徐々に溶けてすべて水になった。この氷の融解過程におけるエントロピーの変化を求めよ。ただし、氷の融解潜熱を334kJ/kgとする。

解答→（2.45kJ/K）

単位系

（1）国際単位

　国際単位はSI単位とも呼ばれ、1960年に国際度量衡総会で採用され、世界に勧告された単位系である。これは7つの基本単位とそれらを組み合わせたパスカル［Pa］などの組立単位で構成されている。

（2）本書で使う単位系

　本書で使う単位系に以下のようなものがある。

　なお、太字は関係式に使用した記号を示す。

力学で使う単位系

	物理量	Si単位 （読み）	関係式・換算式	本書で使用する 記号
基本単位	長さ	m（メートル）	l	l, L, y, h, r 等
	質量	kg（キログラム）	m	m, M
	時間	s（秒）	t	t, T
	温度	K（ケルビン）	T＝T'＋273.15 T'はセ氏(セルシウス)温度[℃]，温度差は△T＝△T'	$T, \Delta T$
組立単位	面積	m²（平方メートル）	A＝l₁·l₂	A, S 等
	体積	m³（立方メートル）	V＝l₁·l₂·l₃＝A·l	V, v 等
	速度	m/s（メートル毎秒）	v＝l/t	v, V, u, U, w 等
	加速度	m/s² （メートル毎秒毎秒）	g＝(v₂−v₁)/t＝F/m 標準重力加速度 g＝9.80665m/s²	a, α
	流量 （体積流量）	m³/s （立方メートル毎秒）	Q＝V/t＝Al/t＝Av	Q, q
	質量流量	kg/s （キログラム毎秒）	ṁ＝m/t＝ρV/t＝ρQ＝ρAv	$\dot{m}, dm/dt$
	力・重量	N（ニュートン）	F＝mα, P＝pA, T＝τA 1N＝1kg·m/s²	F, f, P, T 等
	圧力・応力 （引張り・圧縮・せん断）	Pa（パスカル）	p＝P/A, τ＝T/A 1Pa＝1N/m²	p, σ, τ
	粘度	Pa·s（パスカル秒）	μ＝τ/(U/h) 1Pa·s＝1N·s/m²	μ
	動粘度	m²/s （平方メートル毎秒）	ν＝μ/ρ	ν

密度	kg/m³(キログラム毎立方メートル	$\rho=m/V$	ρ
運動量	kg·m/s(キログラムメートル毎秒)	$M=mv$	M, U
エネルギー・仕事・エンタルピー	J(ジュール)	$W=Fl$, $E=mv^2/2$, $E=mgh$ $1J=1N·m$	W, E, H
力のモーメント・トルク	N·m(ニュートンメートル)	$T=Fr$	T, M
回転数	s^{-1}(毎秒)	本書にてはrotation(回転)/s=r/sと表示、またモータカタログではrpm表示が一般的 rpm=rotation /minutes	N
角速度	rad/s(ラジアン毎秒)	$\omega=\theta/t$	ω
角加速度	rad/s²(ラジアン毎秒毎秒)	$\dot{\omega}=(\omega_2-\omega_1)/t$	$\dot{\omega}$
周速度	m/s(メートル毎秒)	$V=L/t=\pi D/t=\pi DN$	V
周波数	Hz(ヘルツ)	振動回数/s=s^{-1}	f
周期	s(秒)	$T=1/f$	T
力積	kg·m/s(キログラムメートル毎秒)	$S=Ft$	S
慣性モーメント	kg·m²(キログラム平方メートル)	$I=mD^2/8$(円板または円柱の場合) ※Dは直径	I
動力・仕事率	W(ワット)	$P=W/t=Fl/t=Fv$ $1W=1J/s$	P, L
比熱	J/(kg·K)	$c=Q/(m·\Delta T)$	c, cp, cv
エントロピー	J/K	$\Delta S=\Delta Q/T$	S

　なお、従来から使われていた単位系に工学単位がある。これは重力単位系で、力の単位として、質量に働く重力、キログラム重（じゅう）［kgf］（kilogram-force）を用いる。

　　$1kgf=1kg\times(9.80665m/s^2)=9.80665N$

　また、圧力などは、たとえば以下のように換算できる。

　　圧力：$1kgf/cm^2=1kg\times(9.80665m/s^2)/(0.0001m^2)$

　　　　　$=9.80665\times10^4N/m^2=98.0665kPa$

　　　　$1kgf/mm^2=9.80665MPa$

　　エネルギー・仕事：$1kgf·m=9.80665J$

　　力のモーメント・トルク：$1kgf·m=9.80665N·m$

　　動力・仕事率：$1kgf·m/s=9.80665W$

　SI単位は適当な桁数で表すため、10の整数乗倍の接頭語を用いること

がある。

　また、ギリシャ文字についても参考として掲載する。

接頭語の例

倍数	名称	記号	倍数	名称	記号
10^{12}	テラ	T	10^{-1}	デシ	d
10^9	ギガ	G	10^{-2}	センチ	c
10^6	メガ	M	10^{-3}	ミリ	m
10^3	キロ	k	10^{-6}	マイクロ	μ
10^2	ヘクト	h	10^{-9}	ナノ	n
10^1	デカ	da	10^{-12}	ピコ	p

ギリシャ文字（斜体）

大文字	小文字	読み方	大文字	小文字	読み方	大文字	小文字	読み方
A	α	アルファ	I	ι	イオタ	P	ρ	ロー
B	β	ベータ	K	κ	カッパ	Σ	σ	シグマ
Γ	γ	ガンマ	Λ	λ	ラムダ	T	τ	タウ
Δ	δ	デルタ	M	μ	ミュー	Υ	υ	ウプシロン
E	ε	イプシロン	N	ν	ニュー	Φ	ϕ	ファイ
Z	ζ	ゼータ	Ξ	ξ	グザイ	X	χ	カイ
H	η	エータ	O	o	オミクロン	Ψ	ψ	プサイ
Θ	θ	シータ	Π	π	パイ	Ω	ω	オメガ

参 考 文 献

●2章の参考文献

1) 豊田利夫, 『回転機械診断の進め方』, 日本プラントメンテナンス協会, 1991.
2) 日本能率協会マネジメントセンター編, 『2020年度版機械保全の徹底攻略』, 日本能率協会マネジメントセンター, 2020.

●3章の参考文献

1) 黒木剛司郎, 友田　陽『材料力学　第3版　新装版』, 森北出版株式会社, 2014
2) 久池井茂編著『Professional Engineer Library 材料力学』, 実教出版株式会社, 2015
3) 村上敬宜『機械工学入門講座1　材料力学』, 森北出版株式会社, 1994
4) 野田尚昭, 堀田源治『演習問題で学ぶ　釣合いの力学』, 株式会社コロナ社, 2011

●4章の参考文献

1) 中山泰喜, 『改訂版　流体の力学』, 株式会社養賢堂, 2005
2) 森田 泰司, 『流体の基礎と応用（わかりやすい機械教室）』, 東京電機大学出版局, 2019
3) 高橋　徹, 『流体のエネルギーと流体機械』, 株式会社オーム社, 2014
4) 飯田明由, 小川隆申, 武居昌宏, 『基礎から学ぶ流体力学』, 株式会社オーム社, 2009
5) 西海 孝夫, 『図解 はじめて学ぶ流体の力学』, 日刊工業新聞社, 2010
6) スギノマシンHP, 『ウォータージェットの原理』, 株式会社スギノマシン, 2021
7) 菊山 功嗣, 佐野 勝志, 『流体システム工学（機械システム入門シリーズ 12）』, 共立出版, 2014
8) 加藤宏, 『ポイントを学ぶ流れの力学』, 丸善株式会社, 2004
9) 力武常次, 清水光治, 『チャート式　新物理』, 数研出版株式会社, 1969
10) 久保田 浪之介, 『トコトンやさしい流体力学の本（B＆Tブックス―今日からモノ知りシリーズ）』, 日刊工業新聞社, 2013
11) 渋谷 文昭, 『トコトンやさしい油圧の本（今日からモノ知りシリーズ）』, 日刊工業新聞社, 2015
12) 西野 悠司, 『トコトンやさしい配管の本（今日からモノ知りシリーズ）』, 日刊工業新聞社, 2017
13) 熊谷 英樹, 正木 克典, 『はじめての油圧システム（現場の即戦力）』, 技術評論社, 2019
14) 米津 栄, 稲崎 一郎, 『機械工学概説（最新機械工学シリーズ 17）』, 森北出版株式会社, 2015
15) 青木俊之ほか, 『機械工学便覧 α4編 流体工学』, 一般社団法人 日本機械学会, 2014

16) 青木素直ほか，『機械工学便覧 γ2編 流体機械』，一般社団法人 日本機械学会，2014

17) 木田 重雄，パリティ編集委員会，『いまさら流体力学？（新装復刊パリティブックス）』，丸善出版，2017

18) 堀田源治，西海孝夫，『機械設計 2019 vol.63 No.2 特集 これだけは押さえておきたい流体工学の基礎と最近の流体機械設計』，日刊工業新聞社，2019

19)『油圧プレスガイドブック 油圧プレスとは〈入門編〉・油圧プレスのメンテナンス〈入門編〉』，一般社団法人 日本鍛圧機械工業会，2017

●5章の参考文献

1) 日本機械学会，『JSMEテキストシリーズ 熱力学』，丸善出版，2002

2) 平山 直道，吉川 英夫，『ポイントを学ぶ熱力学』，丸善出版，1990

著者プロフィル

堀田 源治（ほった・げんじ）……第Ⅰ・Ⅱ章
堀田技術士事務所　所長
1953年10月 福岡県北九州市生まれ。
1979年3月 九州工業大学機械工学科卒業後、株式会社日鉄エレックスを経て、2013年 有明工業高等専門学校機械工学科教授。現在、堀田技術士事務所所長、ETC（Engineering ethics Technology Consultant）代表。専門は設計工学・安全工学。
職業訓練指導員（機械科）、技術士（機械部門）、博士（工学）。

岩本 達也（いわもと・たつや）……第Ⅲ章
有明工業高等専門学校　創造工学科　准教授
1980年2月 熊本県八代市生まれ。
2000年3月 八代工業高等専門学校機械電気工学科卒業後、熊本大学工学部知能生産システム工学科へ編入学。2004年3月 同大学大学院博士前期課程修了。博士（工学）（熊本大学）。
2004年4月に有明工業高等専門学校機械工学科助手として着任。現在、有明高専創造工学科准教授。主にメカニクスコースの材料力学、製図、設計演習を担当。専門は材料力学。機械設計技術者試験1級取得。

井ノ口 章二（いのくち・しょうじ）……第Ⅳ章
NPO法人北九州テクノサポート 産学官連携人材育成支援グループ
1955年1月 福岡県福津市生まれ。
1978年 九州大学工学部動力機械工学科卒業。1978〜1988年 東京芝浦電気株式会社（現：株式会社東芝）で音響製品の開発・機械設計。1988〜2019年 東陶機器株式会社（現：TOTO株式会社）でトイレ用自動洗浄装置、各種水栓、浴室換気暖房乾燥機など水回り製品の開発・機械設計。
現在、技術士（機械部門）、品質工学会会員

鶴田 隆治（つるた・たかはる）……第Ⅴ章
九州工業大学大学院機械知能工学研究系 教授
1957年 熊本県生まれ。
1979年 九州工業大学工学部機械工学科卒業後、1981年 東京大学大学院工学系研究科修士課程を修了。1981年 日本原子力研究所。1984年 九州工業大学工学部。1989年 工学博士（東京大学）。1999年 九州工業大学工学部教授。組織変更を経て現在に至る。専門は熱工学。

現場で使える「力学の教科書」

機械＋材料＋流体＋熱力学のしくみ

2021年4月10日　初版第1刷発行

著　者 ——— 堀田源治、岩本達也、井ノ口章二、鶴田隆治
　　　　　　　©2021 Genji Hotta,Tatsuya Iwamoto,Shoji Inokuchi,Takaharu Tsuruta

発行者 ——— 張　士洛

発行所 ——— 日本能率協会マネジメントセンター

〒103-6009　東京都中央区日本橋2-7-1　東京日本橋タワー
TEL　03（6362）4339（編集）／03（6362）4558（販売）
FAX　03（3272）8128（編集）／03（3272）8127（販売）
http://www.jmam.co.jp/

装　　丁 ——— 冨澤 崇（EBranch）
イラスト ——— HATO
本文DTP ——— 株式会社森の印刷屋
印 刷 所 ——— 広研印刷株式会社
製 本 所 ——— ナショナル製本協同組合

ISBN 978-4-8207-2887-0 C3053
落丁・乱丁はおとりかえします。
PRINTED IN JAPAN

文系編集者がわかるまで書き直した

世界一美しい数式「$e^{i\pi}=-1$」を証明する

数学者レオンハルト・オイラーが発見した「$e^{i\pi}=-1$」は、数学史上もっとも美しい式といわれます。ネイピア数のe、虚数のi、円周率のπ、これら直感的にまったく無関係と思われる数が、実は深い関わりをもっており、数学的なテクニックを駆使すると整数（移項すると0）になるところが、美しいといわれる所以です。門外漢にとって数学者の研究する中身はまったく理解できないことが多いでしょうが、この式は、三角関数、微積分、対数、虚数の基礎を理解すれば、専門家でなくとも証明できます。美しい数式を、中学・高校レベルの数学の基礎知識だけでエレガントに証明するやり方について解説します。

佐藤 敏明 著
A5 判
並製
248 頁

文系の人にも必ず証明できる
ひっかかりがちな部分を徹底的に解説

美しい数学の世界を体感できる
世界一美しい数式を生み出したオイラーの思考が体感できる

数学の基本が身につく
この1冊だけで、他の参考書は不要。「実数と虚数」「三角関数」「指数・対数」「微分」「ベキ級数」の基本が身につく

読むからには、少しの覚悟は必要です

日本能率協会マネジメントセンター

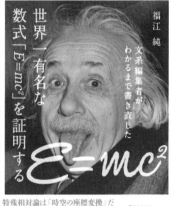

JMAM 西村 仁の本

図面の読み方がやさしくわかる本

A5判
208ページ

技術者以外の人が「図面を読む」方法を習得するための入門書です。表記ルールの「知識」とともに「思想・考え方」までしっかり身につく構成となっています。

図面の描き方がやさしくわかる本

A5判
264ページ

設計製図の知識と技能を基礎から知りたい人のための「ルール、JIS、製図規格」と「図面を描くコツ」がやさしくわかるように解説します。

加工材料の知識がやさしくわかる本

A5判
208ページ

材料の基本をしっかり理解できる、材料知識の活かし方や材料選定の仕方といった「実務面」に解説の力点を置いた入門書です。

機械加工の知識がやさしくわかる本

A5判
200ページ

機械加工にはどのような方法があり、それぞれの特徴とは何か、どのように選定するのかなどの基本を幅広く解説します。

機械設計の知識がやさしくわかる本

A5判
240ページ

基礎理論だけでなく、機械設計の実務に直結した基礎知識に絞り込んで、設計の基礎とコツがやさしくわかるように解説します。

日本能率協会マネジメントセンター